FORSCHUNGSBERICHTE
DES WIRTSCHAFTS- UND VERKEHRSMINISTERIUMS
NORDRHEIN-WESTFALEN

Herausgegeben von Staatssekretär Prof. Leo Brandt

Nr. 169

Arbeiten über die Bestimmung des Gebrauchswertes von Lackfilmen durch physikalische Prüfungen

aus dem
Forschungsinstitut für Pigmente und Lacke, Stuttgart
Leiter: Prof. Dr. rer. nat. K. Hamann

Als Manuskript gedruckt

SPRINGER FACHMEDIEN WIESBADEN GMBH 1955

ISBN 978-3-663-20078-9   ISBN 978-3-663-20437-4 (eBook)
DOI 10.1007/978-3-663-20437-4

Forschungsberichte des Wirtschafts- und Verkehrsministeriums Nordrhein-Westfalen

G l i e d e r u n g

Vorwort . . . . S. 5

I. Vergleichende Untersuchungen über die Bestimmung der
   Härte von Anstrichen . . . . S. 7

   A. Einleitung . . . . S. 7

   B. Zerstörungsfreie Härteprüfung . . . . S. 10

      1. Versuchsbedingungen . . . . S. 10

      2. Vergleich der Härteskala der zerstörungsfreien
         Härteprüfgeräte . . . . S. 13

      3. Fehlergrenzen und Reproduzierbarkeit der
         zerstörungsfreien Härteprüfgeräte . . . . S. 26

   C. Ritzgeräte . . . . S. 29

      1. Versuchsbedingungen . . . . S. 29

      2. Vergleich der Ritzgeräte . . . . S. 32

      3. Vergleich der Ritzwerte unter verschiedenen
         Bedingungen . . . . S. 37

   D. Zusammenfassung der charakteristischen Merkmale der
     einzelnen Geräte . . . . S. 39

   E. Die Härteprüfung in der Praxis . . . . S. 41

      1. Der Wasserhaushalt von Lackfilmen . . . . S. 41

   Schlußbemerkungen . . . . S. 43

II. Über die Messung der Wärmeleitfähigkeit von pigmentierten
    und nichtpigmentierten Anstrichen und ihre Bedeutung . . S. 44

   A. Die verschiedenen Möglichkeiten des Wärmetransportes . S. 44

   B. Die Wärmeleitfähigkeit von Anstrichen und ihre
     Bedeutung . . . . S. 44

   C. Methoden zur Bestimmung der Wärmeleitfähigkeit . . . . S. 45

   D. Eine Methode zur Bestimmung der Wärmeleitfähigkeit
     von Lack- und Anstrichfilmen . . . . S. 46

   E. Meßergebnisse, Deutung . . . . S. 50

Forschungsberichte des Wirtschafts- und Verkehrsministeriums Nordrhein-Westfalen

F. Quantitative Aussagen über den Einfluß der
   Wärmeleitfähigkeit . . . . S. 52

G. Zusammenfassung . . . . S. 55

H. Anhang . . . . S. 56

   1. Einige quantitative Zusammenhänge und das
      Ohmsche Gesetz der Wärme . . . . S. 56
   2. Zusammensetzung der Lacke . . . . S. 57
   3. Zur Frage der Wärmeübergangswiderstände . . . . S. 57

Forschungsberichte des Wirtschafts- und Verkehrsministeriums Nordrhein-Westfalen

Vorwort

Eine Aufgabe der Materialprüfung ist es, verbindliche Aussagen über die Eigenschaften eines Stoffes unter den Bedingungen des Gebrauches, den Gebrauchswert, zu machen.

Um diese Kenntnisse zu erhalten, hat man in der Lackindustrie, ähnlich wie in anderen Industrien zunächst versucht, die Anstrichfilme den Beanspruchungen der Praxis zu unterwerfen oder ihr Verhalten bei solchen Prüfungen festzustellen, die den praktischen Beanspruchungen möglichst genau nachgebildet sind. Die Prüfungen erfordern meistens sehr lange Zeit und sind oft widerspruchsvoll. Auch heute beruht ein großer Teil der Erfahrungen über das Verhalten von Lackfilmen auf solchen praktischen Gebrauchsprüfungen oder auf empirischen Kenntnissen, die man über die Bewährung in der Praxis gesammelt hat.

In der zweiten Stufe der Entwicklung war man bestrebt, die Gebrauchsprüfungen zu vereinfachen und abzukürzen, indem man die Prüfungsbedingungen verschärfte und so zu kürzeren Prüfzeiten kam. Hierbei ging man oft sehr schematisch vor und vernachlässigte wesentliche Bedingungen. Es zeigte sich, daß die Prüfdauer sich nur bis zu einem gewissen Grade durch Verschärfung der Bedingungen verkürzen läßt.

Die dritte Gruppe in der Entwicklung der Prüfung von Lackfilmen ist aus der Weiterentwicklung der zweiten Gruppe entstanden, indem der Gebrauchsvorgang in seine einzelnen Anteile zerlegt (analysiert) wird und hierfür die physikalischen Grundeigenschaften, die an ihm beteiligt sind, gemessen werden. Aber auch hier wird derselbe Fehler gemacht wie bei der zweiten Gruppe. Man zieht stillschweigend Rückschlüsse auf den Gebrauchswert, ohne eine wirkliche Analyse des Gebrauchsvorganges durchzuführen.

Auf dem Lackgebiet sind die meisten Prüfungsmethoden empirisch festgelegte Methoden.
Die wichtigste Aufgabe zur Prüfung der Anstriche ist es, die Gebrauchseigenschaften von Lackfilmen auf eindeutig bestimmte und bestimmbare physikalische Eigenschaften zurückzuführen. Dabei wird dies nicht immer möglich sein, man muß sich vielmehr oft mit Prüfungen der zweiten Gruppe, den vereinfachten Gebrauchsprüfungen, die physikalisch noch komplex sind, begnügen. Der Übergang zwischen diesen beiden Gruppen ist fließend, da

auch viele physikalische Prüfungen noch komplex sind, wie sich speziell am Beispiel der Härtemessung zeigt.

Aus dieser augenblicklichen Lage ergeben sich eine Reihe wichtiger Fragen, die bearbeitet werden müssen, um bessere Aussagen über die Eigenschaften und den Gebrauchswert von Anstrichfilmen machen zu können, als es bisher möglich war.

1. Die bisher für eine Eigenschaft benutzten verschiedenen Prüfungsmethoden müssen miteinander verglichen werden, es muß festgestellt werden, in wie weit diese Prüfungen Aussagen über den Gebrauchswert zulassen. Eine solche Aufgabe wurde bei der ersten Arbeit dieses Berichtes: "Vergleichende Untersuchungen über die Bestimmung der Härte von Anstrichen" in Angriff genommen.

2. In manchen Fällen ist es notwendig, um das Verhalten von Anstrichen beurteilen zu können, erst eine neue Prüfungsmthode auszuarbeiten. Ein Beispiel hierfür ist die zweite Arbeit dieses Berichtes: "Über die Messung der Wärmeleitfähigkeit von pigmentierten und nichtpigmentierten Anstrichen und ihre Bedeutung".

Forschungsberichte des Wirtschafts- und Verkehrsministeriums Nordrhein-Westfalen

I. Vergleichende Untersuchungen über die Bestimmung der Härte von Anstrichen

A. Einleitung

Der Zweck der meisten Lackierungen, Oberflächenschutz und Verschönerung, wird durch Verletzungen am Lackfilm wesentlich gestört. Daher mißt man in der Praxis dem Widerstand, den ein Anstrich solchen Verletzungen entgegensetzt, große Bedeutung bei. Diesen Widerstand gegen Verletzungen nennt man Härte. Entsprechend der Wichtigkeit dieser Eigenschaft sind die verschiedensten Methoden zur Härteprüfung entwickelt worden, die aber durchaus nicht immer in der Beurteilung der Härte von Lackfilmen das gleiche Ergebnis zeigen. Diese Unterschiede sind im wesentlichen dadurch begründet, daß in der Praxis die verschiedenartigsten mechanischen Beanspruchungen auftreten, welche zu Verletzungen führen können. Die meisten der entwickelten Prüfungsmethoden geben aber nur eine ganz bestimmte Beanspruchungsart wieder und lassen keine Rückschlüsse auf das Verhalten bei anderen Beanspruchungsarten zu. Trotzdem wird aber häufig aus einer speziellen Härtemessung ein Rückschluß auf das gesamte Härteverhalten gezogen.

Aus diesem Grunde fordert die Praxis Aufklärung über die folgenden Hauptfragen:

1. Was messen die einzelnen Geräte eigentlich?
2. Wie weit stimmen die Skalen der Härtewerte, die durch die einzelnen Geräte festgelegt sind, überein?
3. Wie groß ist die Genauigkeit und Reproduzierbarkeit der einzelnen Methoden?
4. Was kann man über das Härteverhalten der Lackfilme in der Praxis aus den Härteprüfungen aussagen?
5. Im Laufe der Untersuchungen ergab sich als weitere wesentliche Frage: Wie stark ist die Härte der Anstriche von der Temperatur und relativen Luftfeuchtigkeit abhängig und wie wirkt sich diese Abhängigkeit auf die Härtemessungen aus?

Um diese Frage zu beantworten, wurden aus jeder Gruppe von Härteprüfgeräten die wichtigsten ausgewählt. Mit ihnen wurden an denselben Lackfilmen genaue vergleichende Härteprüfungen unter korrekten Bedingungen durchgeführt. Tabelle 1 gibt die Einteilung dieser verwendeten Geräte wieder, mit einem Stichwort zu ihrer Charakterisierung. Auf Einzelheiten wird bei der Behandlung der verschiedenen Meßmethoden näher eingegangen.

Tabelle 1

Zerstörungsfrei prüfende Geräte	Eindringhärte	Philips	Eindringtiefenmesser Saphir-Pyramide
		(TNO)	Eindringtiefenmesser Saphir-Pyramide
		Pfund	Quarzhalbkugel Kugel-∅ 6 mm
		Siemens	"Kreismesser" scharfe kreisförmige Kufe
	Dämpfungshärte	Albert-König	Pendelhärteprüfer 2 Kugeln ∅ 5 mm
		Persoz	Pendelhärteprüfer franz. Norm 2 Kugeln ∅ 8 mm
		Schaukel	Schaukelhärteprüfer (Rhönrad) 2 kreisförmige Kufen
Ritzgeräte	Konstante Last	Clemen-Keyl	Schlittentisch Gewicht über Ritzwerkzeug
	Mit Ritzstrecke wachsende Last	Kempf	Schlittentisch rollendes Gewicht
		Dantuma	2 schwenkbare Hebelarme
		Roßmann	Handgerät, schiefe Ebene, Belastung durch Feder
	Ritzprüfung mit Bleistiften		

Bei der Messung der Eindringhärte will man diejenige Beanspruchung nachahmen, die der Anfang jeder Verletzung ist, nämlich das Eindringen eines härteren Körpers in die Oberfläche des Anstrichs.

Die Ritzgeräte wollen die Verhältnisse verwirklichen, die bei der Verletzung durch Ritzen oder Kratzen mit einem bewegten Fremdkörper herrschen.

Zwischen diesen beiden Härtebegriffen steht die Dämpfungshärte. Bei ihrer Messung bewegt sich der eindringende Probekörper, z.B. eine Kugel, ebenfalls, aber er schwingt nur auf dem Lackfilm. Diese Schwingung wird in Abhängigkeit von der Härte des Films mehr oder weniger stark gedämpft, und die Dämpfung wird als Maß für diese Härte benutzt.

Zum Vergleich wurde auch die Methode der Bleistifthärtemessung herangezogen, die in der Praxis zur ersten Orientierung benutzt wird.

Bei der Aufzählung der drei wichtigsten Härte-Arten wird schon deutlich, daß mit einer einzigen Prüfmethode nicht alle praktisch vorkommenden Beanspruchungen erfaßt werden können.

Das Wort Härte wird auch noch für das Verhalten bei anderen Beanspruchungen benutzt, z.B. bei der Abriebhärte. Diese ist aber weitgehend mit der mechanischen Festigkeit verknüpft. So spricht man ja auch von Abriebfestigkeit. Solche Härteprüfungen, die ihrer Natur nach zum wesentlichen Teil eine Festigkeit bestimmen, sollen hier ausgeschlossen werden, weil man sonst noch kompliziertere Verhältnisse bekommt.

Trotz dieser Ausschließung der reinen Festigkeitsprüfung darf man nicht übersehen, daß bei den mit Zerstörung verbundenen Ritzhärteprüfungen Bruchvorgänge mitwirken. Um hierüber und allgemein über die verschiedenen Beanspruchungen der Praxis ein klares Bild zu bekommen, soll der Vorgang beim Eindringen einer Probespitze und bei dem Ritzen mit ihr kurz veranschaulicht werden. Die Spitze steht unter einer gewissen Belastung. Wenn sie sehr scharf ist, so ist der Querschnitt der Berührungsfläche zu Beginn außerordentlich gering, er sei z.B. von einem Durchmesser von 1/1000 mm. Der Querschnitt ist also ca. 10^{-8} cm^2. Schon bei einer Last von einem Gramm ergibt sich also eine Flächenbelastung bis zu 100 000 kg, d.h. 100 to/cm^2. Dies sind natürlich Drucke, unter denen das Material sofort solange fließt, bis die Spitze weit genug eingedrungen ist, so daß ein entsprechend niedrigerer Druck herrscht. Mit einem solchen plastischen Eindringen hat man es zu Beginn jeder der hier betrachteten Verletzungen zu tun. Darin unterscheiden sie sich von den Bruch-Verletzungen. In reiner Form liegt das Eindringen bei den Eindringhärtemeßgeräten vor. Beim Ritzen mit einer Spitze oder Kante muß das Ritzwerkzeug durch das anfängliche Eindringen erst einen Ansatzpunkt schaffen. Erst danach kann je nach der Form der Ritzspitze eine gewisse Verletzung während des

Darübergleitens stattfinden. Hier wird dann das Material teilweise auf Festigkeit beansprucht, und es gibt die verschiedensten Ritzbilder.

Dabei muß die Energie-Übertragung berücksichtigt werden: Unter der Wirkung des sehr hohen Druckes beim Eindringen und der Reibung beim Ritzen wird das Material unter der Spitze erwärmt, wie z.B. auch beim Schlittschuhlaufen unter dem Druck ein Schmelzen des Eises unter der Kante des Schlittschuhes eintritt; beim Diamanschnitt auf Glas findet in ähnlicher Weise ein Schmelzen unter der Diamantspitze[1] statt, wobei thermische Verspannungen entstehen, in deren Folge die Rißbildung im Glas eintritt.

Diese Vorbemerkungen über den sehr komplexen Vorgang der praktischen Härtebeanspruchung sollen im folgenden das Verständnis für die vielen Nebenbedingungen, auf die man bei der Härteprüfung achten muß, erleichtern.

B. Zerstörungsfreie Härteprüfung

1. Versuchsbedingungen

Zum Vergleich der verschiedenen Geräte wurden 14 Lacksorten in je 2 Schichtdicken verwendet, und zwar jedesmal in doppelter Ausführung. Die Lacke waren auf Spiegelglasplatten aufgezogen, jede Platte wurde von zwei Prüfpersonen an allen Geräten 6 mal durchgemessen. Es ergaben sich auf diese Weise bei jedem Gerät für jede Lacksorte bei beiden Schichtdicken je 4 Mittelwerte aus je 6 Messungen. Aus den 4 Mittelwerten wurde jedesmal wieder der Mittelwert bestimmt, der in den Kurven als Meßpunkt eingetragen ist.

Die Lacksorten sind in Tabelle 2 ungefähr nach der Härte geordnet.

Es werden im folgenden nur die Ergebnisse an Klarlacken wiedergegeben. Die gleichen Lacksorten wurden aber auch pigmentiert untersucht.

Die Mitwirkung der Prüfbedingungen, insbesondere Schichtdicke, Temperatur und relative Luftfeuchtigkeit ist auch in der Literatur erwähnt[2],

---

[1] Der Vorgang der bruchfreien Verformung in sehr kleinen kerbstellenfreien Bereichen unter hohen Drucken wurde nachgewiesen bei W. KLEMM u. A. SMEKAL, Naturwiss. 29 (1941), 710; s. auch zusammenf. Darst. A. SMEKAL, Glastechn.Ber. 22 (1948/49) 286.

[2] s. z.B. W. HEYNE, Farbe und Lack 58 (1952), 58.

Tabelle 2

Bezeichnung der verwendeten Lacksorten

R A	Ricinen-Alkydharz, luftgetrocknet
H pl	plastifiziertes Harnstoffharz, eingebrannt bei a.) 130°, b.) 135°, c.) 140°, d.) 155°
L A m	Leinöl-Alkydharz mittleren Ölgehalts, luftgetrocknet
L A ö	Leinöl-Alkydharz höheren Ölgehalts, luftgetrocknet
A Of	Alkydharz mit niedrigem Leinölgehalt, ofentrocknend
N pl	plastifizierter Nitrolack, luftgetrocknet
A LHo	Leinöl-Holzöl-Alkydharz, modifiziert, luftgetrocknet
Bo	Bootslack auf Holzölbasis, luftgetrocknet
Öll	magerer Standöllack, luftgetrocknet
P pl	plastifiziertes Phenolharz, bei 220° eingebrannt
H	Harnstoffharz, nicht plastifiziert, bei 140° eingebrannt
N	Nitrolack, nicht plastifiziert, luftgetrocknet
P	Phenolharz, nicht plastifiziert, bei 220° eingebrannt

ohne daß der Einfluß dieser Faktoren, besonders Temperatur und Luftfeuchtigkeit bei den einzelnen Methoden bisher genauer untersucht ist. Bei den Messungen mit den zerstörungsfreien Härteprüfgeräten zeigte sich im Anfang der außerordentlich starke Einfluß dieser drei Faktoren.

Um korrekte Bedingungen zu erhalten, wurde die Schichtdicke der Lackfilme möglichst genau gewählt. Es wurden zwei Schichtdicken von jedem Lack aufgezogen, die dünneren ergaben Trockenfilmdicken von $28\mu \pm 3\mu$, die dickeren Filme $52\mu \pm 4\mu$. Hiermit wurde die Abhängigkeit von der Schichtdicke gleichzeitig untersucht.

Als besonders stark stellte sich der Einfluß der Temperatur und Luftfeuchtigkeit heraus. Abbildung 1 veranschaulicht dies. In der rechten Hälfte der Kurve ist der Abfall der Härte bei der Lagerung in feuchter Luft dargestellt. Schon nach 5 Minuten Lagerung in feuchter Luft ist der Härtewert genau so tief abgesunken, wie nach 15 stündiger Lagerung in feuchter Luft. Die Entquellung geht nicht so rasch wie die Quellung vor sich, sondern erst in ca. 1/4 Stunde. Die Verringerung des Härtewertes ist immerhin mehr als 1/3.

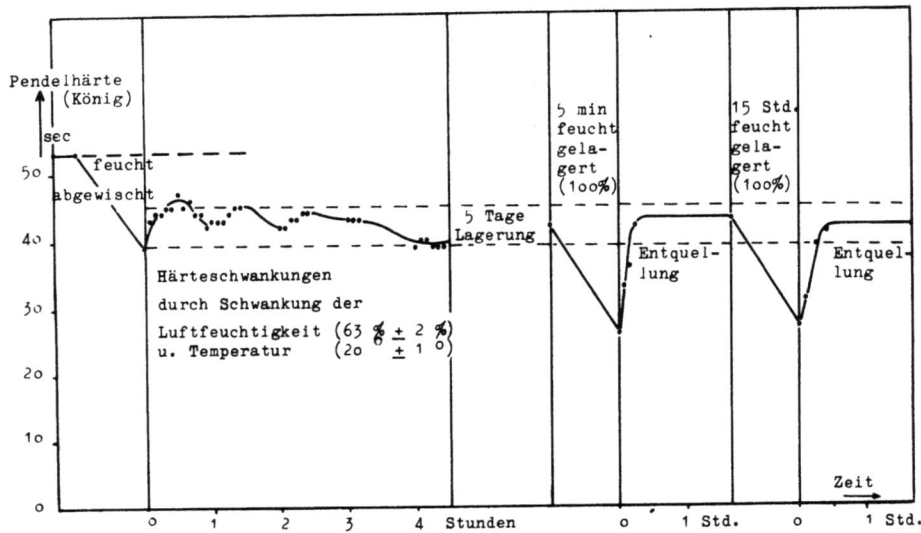

Abbildung 1

Abhängigkeit der Härte von der Oberflächenvorgeschichte und Feuchtigkeit. (Harnstoffharz-Film, bei 135° eingebrannt)

Die Messungen in diesem Beispiel wurden mit dem Albert-Pendelhärteprüfer nach KÖNIG durchgeführt. In der linken Hälfte von Abbildung 1 zeigt sich auch eine weitere wichtige Nebenbedingung, nämlich die Vorgeschichte der Oberfläche. Wischt man die Platte feucht ab, so erhält man eine starke Verringerung der Pendelhärte, die auch nicht nach mehreren Wochen zurück geht. Anschließend an das feuchte Abwischen zeigt sich eine Schwankung der Härte, welche auf die Schwankung der relativen Luftfeuchtigkeit und der Temperatur zurückgeführt werden kann. Der Zusammenhang dieser Schwankungen mit der Betriebszeit der Befeuchtung der Klimaanlage kann deutlich verfolgt werden. Die Schwankungen werden durch die Nähe der messenden Person verstärkt. Hier wirkt auch der Einfluß der Temperatur mit, der im letzten Abschnitt noch ausführlicher behandelt wird.

Als wichtigste Fehlerquelle wurden bei den im folgenden wiedergegebenen Messungen diese Schwankungen der relativen Luftfeuchtigkeit ausgeschaltet. Es wurde ein Klimaraum eingerichtet, welcher einerseits mit der konstanten Temperatur von $20° \pm 1°$ lief, andererseits eine relative Luftfeuchtigkeit von $63\% \pm 3\%$ konstant hielt. Es sei in diesem Zusammenhang darauf hingewiesen, daß für die Prüflaboratorien anderer Industrien die Einhaltung gewisser Klimabedingungen bei den Prüfungen eine Selbstverständlichkeit ist.

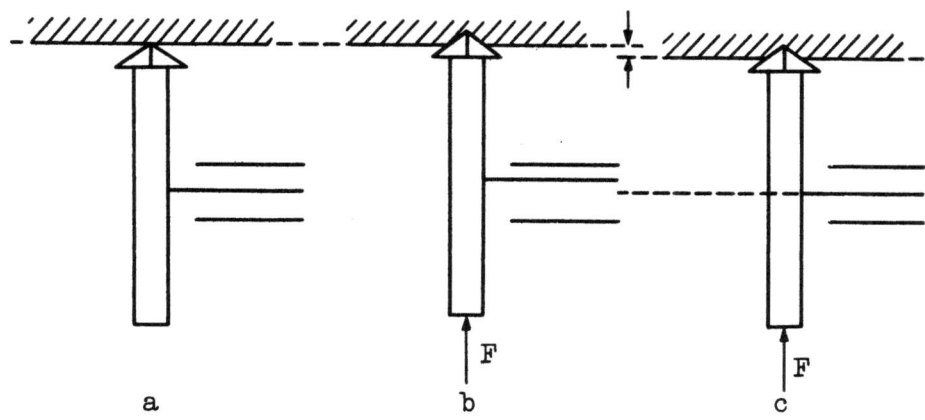

Abbildung 2

Schematische Darstellung des Eindringtiefenmessers. (van LAAR)

2. Vergleich der Härteskala der zerstörungsfreien Härteprüfgeräte

Zunächst sollen die Geräte der beiden ersten Gruppen aus der Tabelle 1 miteinander verglichen werden, welche die Eindringtiefe und die Dämpfungshärte messen. Das T.N.O.-Eindringtiefenprüfgerät wurde nur bei dem ersten Teil der Messungen mit untersucht. Es soll über dieses Gerät hier nicht berichtet werden.

a) E i n d r i n g t i e f e n m e s s e r   (P h i l i p s)[3]

Das Prinzip des Vught-Eindringtiefenmessers (Philips)[3] ist in Abbildung 2 schematisch wiedergegeben. Zur Messung bewegt man den Trägertisch mit einer Mikrometerschraube so lange gegen die Saphirspitze, bis diese (in Stellung a) gerade das Anstrichmuster berührt. Dieser Punkt wird sehr genau durch eine empfindliche Kondensatoranordnung angezeigt. Mit einer bestimmten Kraft F von z.B. 1o g wird der Saphir in die Lackschicht gedrückt (Stellung b), wobei die Kondensatoranordnung aus der Mittelstellung ausgelenkt wird. Dieser Auslenkung wirkt man durch Bewegung des Trägertisches entgegen, solange bis (Stellung c) die mittlere Kondensatorplatte wieder in der Mitte steht, was durch die 0-Stellung des empfindlichen Meßinstrumentes angezeigt wird.

Für die Ausführung der Messung ist es günstig, den Film nicht direkt auf den Tisch aufzulegen, sondern die Prüfplatte an der Seite mit Lehren zu

---

[3] I. HOEKSTRA und I.A.W. van LAAR, Philips Techn. Rundschau 14 (1952), 1o5 und I.A.W. van LAAR, FATIPEC 1953 Noordwijk, Comptes-Rendus, S. 194.

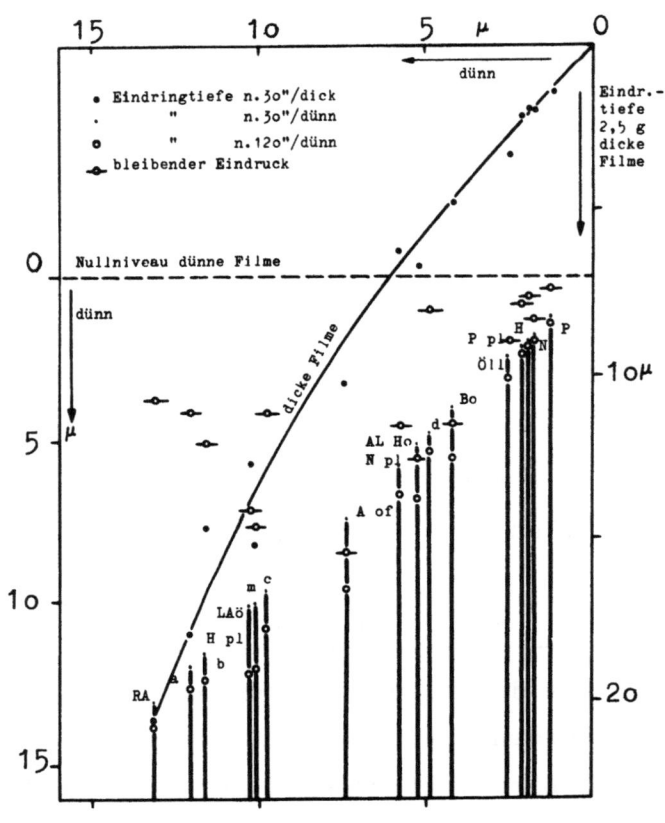

Abbildung 3
Härteskala des Eindringtiefenmessers/Philips

unterlegen. Auf diese Weise liegt der Film hohl und wird nicht durch das Aufliegen auf dem Tisch zerkratzt.

Abbildung 3 veranschaulicht die Härteskala der verschiedenen geprüften Lacke wie man sie mit dem Philips-Gerät erhält. Aus den Versuchsergebnissen können mehrere Schlüsse gezogen werden. Es sei als erstes die Eindringtiefe bei dünnen Filmen diskutiert, wie man sie mit einem 2,5 g Belastungsgewicht erhält.

Die Eindringtiefe ist von oben nach unten aufgetragen bzw. von rechts nach links. Sie ist in μ gemessen. Bei einem weicheren Film ist die Eindringtiefe größer und bei einem härteren Film kleiner; die Härte kann also nicht durch die Eindringtiefe selbst gemessen werden, sondern nur umgekehrt durch die Differenz zwischen einem empirischen Maximalwert und der Eindringtiefe. Es soll daher als wirklichkeitsgetreuestes Maß für die Eindringhärte die Differenz der Eindringtiefe gegen einen Maximalwert genommen werden. Da die Eindringtiefe von oben nach unten aufgetragen ist, bilden also die von unten ausgehenden Differenzen das Härtemaß. In der Darstellung ist dieser Härtewert als Säule dick ausgezogen dargestellt.

Normalerweise rechnet man aus der Eindringtiefe die sogenannte Vickers-Härte aus, welche die Last pro Eindruckfläche angibt. Wenn man diese Werte nach den gefundenen Eindringtiefen ausrechnet, so erhält man eine Härteskala, welche die härteren Lacke in außerordentlich starker Weise differenziert; dagegen erlaubt in dem weichen Gebiet die Umrechnung auf Vickershärte keine genügende Differenzierung, wie sie der Praxis entsprechen würde.

In den aufgetragenen Höhen in Abbildung 3 liegt also die Eindringhärteskala der verschiedenen Lacksorten vor, die im folgenden zugrunde gelegt werden soll. Von rechts nach links ist die Eindringtiefe für dünne Filme ebenfalls aufgetragen, um die Fußpunkte für die einzelnen Filme im richtigen Abstand festzulegen. Dadurch ergibt sich natürlich eine Gerade unter $45°$, welche den Vergleich mit den anderen Meßgrößen erleichtert.

Der Eindringtiefenmesser ermöglicht noch weitere Aussagen. Während die Härteskala Messungen wiedergibt, die nach der kürzest möglichen Einstellungsfrist von 30 sec gemessen werden, kann man auch das weitere Eindringen verfolgen. Es sind für jeden Lackfilm die Endpunkte des Eindringens nach 2 Minuten eingezeichnet. Man sieht, daß die Härteskala durch das weitere Eindringen nicht wesentlich verschoben wird. Immerhin ist es ein ziemlich charakteristisches Merkmal für jede Lacksorte. Dies wird noch deutlicher durch die Rückfederung nach der Entlastung innerhalb 2 Minuten. Es ist einzusehen, daß diejenigen Lacke, bei denen das Eindringen gleich im ersten Augenblick nahezu vollständig, also mehr elastisch geschieht und danach verhältnismäßig schnell zum Stillstand kommt, auch schneller zurückfedern.

Was bedeutet dies nun für das praktische Härteverhalten?

Ein Lack wie z.B. der Ricinenharzfilm, der zwar sehr weich ist, aber außerordentlich stark zurückfedert, hinterläßt einen geringen bleibenden Eindruck. Die Weichheit des Filmes gegenüber gewissen Beanspruchungen, speziell solchen, die mit hoher Last geschehen, wird ein ungünstiges Härteverhalten ergeben. Andererseits wird die Tatsache, daß der bleibende Eindruck gegenüber dem Eindruck unter Belastung außerordentlich viel geringer ist, ein günstiges Härteverhalten bei schwächeren Beanspruchungen ergeben.

Forschungsberichte des Wirtschafts- und Verkehrsministeriums Nordrhein-Westfalen

Man erhält also außer der Eindringtiefe 3 weitere Meßwerte:

>weiteres Eindringen
>Rückfederung
>bleibender Eindruck

Diese Meßgrößen sind in dem Diagramm Abbildung 3 ebenfalls eingezeichnet. Sie stellen eine weitere Charakterisierung der Lacksorten neben der Eindringtiefe dar. Aus Abbildung 3 geht hervor, daß diese charakteristischen Größen nur wenig mit der Eindringhärteskala zu tun haben. Hieraus geht hervor, daß es durch die 4 Größen zusammen bei exakter Messung möglich ist, das komplexe Härteverhalten eines Stoffes genauer zu erfassen, als dies durch die Eindringtiefenmessung allein möglich ist. Diese besonderen Aussagen, die man über den "Härtecharakter" der Filme aus der Eindringtiefenmessung machen kann, sind natürlich mit den anderen Geräten in dieser Weise nicht möglich.

Die Meßwerte für dicke Filme in Abbildung 3 zeigen einen recht guten Zusammenhang mit der Härteskala der dünnen Filme. Immerhin ist es bemerkenswert, daß die Verringerung der Härte durch den Übergang zu dicken Filmen für jeden Lack ebenfalls eine gewisse Charakterisierung bedeutet. Zur Festlegung der Einordnung einer bestimmten Lacksorte in die Härteskala wäre also die Untersuchung dicker Filme nicht notwendig, dagegen gibt sie Aufschluß über die Neigung zur Durchhärtung in dicken Schichten. Am Beispiel der 3 Leinöl-Alkydharze kann man dies bei genauer Betrachtung recht anschaulich erkennen. Das Nullniveau der Kurve ist für dicke Filme zur besseren Sichtbarmachung nach oben verschoben.

In Abbildung 4 sind die Messungen der Eindringtiefe auch mit höherer Last wiedergegeben, um die Grenzen der Meßmöglichkeit festzustellen. Aus den Meßwerten geht hervor, daß zwar oberhalb ca. 1/6 der Schichtdicke eine Abweichung von der theoretischen Abhängigkeit auftritt. Beim Übergang zu höherer Last erhält man aber doch bis etwa zur halben Schichtdicke eine gute Beziehung zu den Meßwerten bei niedriger Last. Soweit eine solche Beziehung besteht, kann man die Eindringtiefe zur Beurteilung der Härte verwenden, wenn auch die Beziehung nicht linear ist.

Auf der internationalen Fatipec-Tagung 1953 wurde in einem ausführlichen Referat über das Philips-Gerät[3] darauf hingewiesen, daß man nur bis ca. 1/11 der Filmdicke mit der Eindringtiefe gehen darf, wenn man von

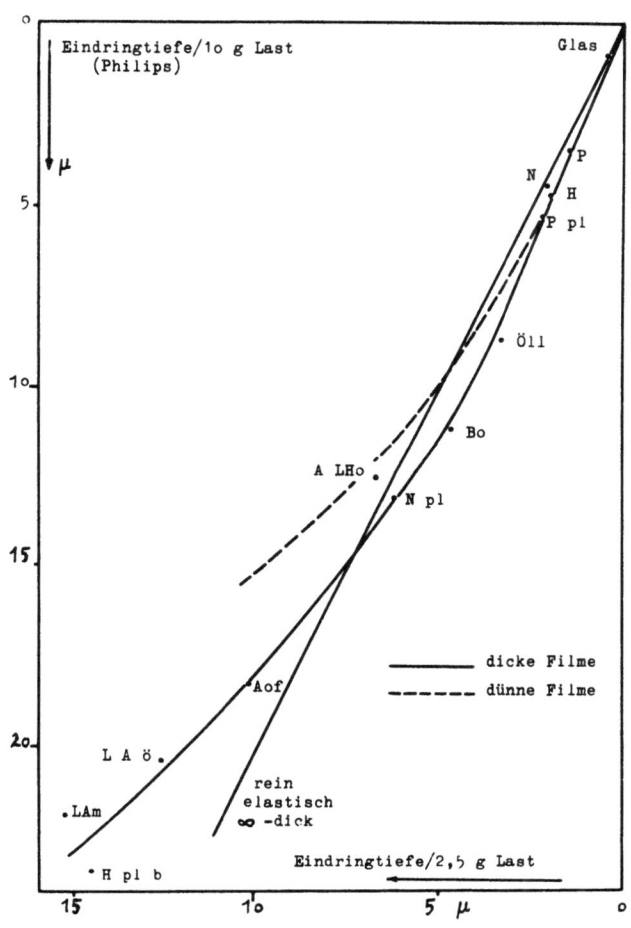

Abbildung 4
Grenzen der Eindringtiefenmessung

der Schichtdicke unabhängig sein will. Dann könnte man aber praktisch überhaupt keine Lackfilme mit ihm messen. Aus den obigen Feststellungen geht aber hervor, daß es nicht notwendig ist, die Messungen mit dem Eindringtiefenmesser auf 1/11 oder 1/6 der Schichtdicke zu beschränken. Die äußerste Grenze, bis zu der man reproduzierbare Ergebnisse bekommt, liegt bei den dicken Filmen etwa bei 25 μ, bei den dünnen Filmen bei ca. 14 μ. Dies ist also etwa die halbe Trockenschichtdicke. Die Abhängigkeit von der Last zeigt, daß man bei dünnen Filmen mit 2,5 g Last arbeiten muß. Bei dicken Filmen ist dagegen noch bis zum Bereich von mittelweichen Filmen die Messung mit 1o g Last durchaus möglich. Dies erlaubt eine bessere Differenzierung. Deshalb wird bei dem folgenden Vergleich für dünne Filme die Härteskala mit 2,5 g Last, für dicke Filme mit 1o g Last als Ausgangspunkt angenommen.

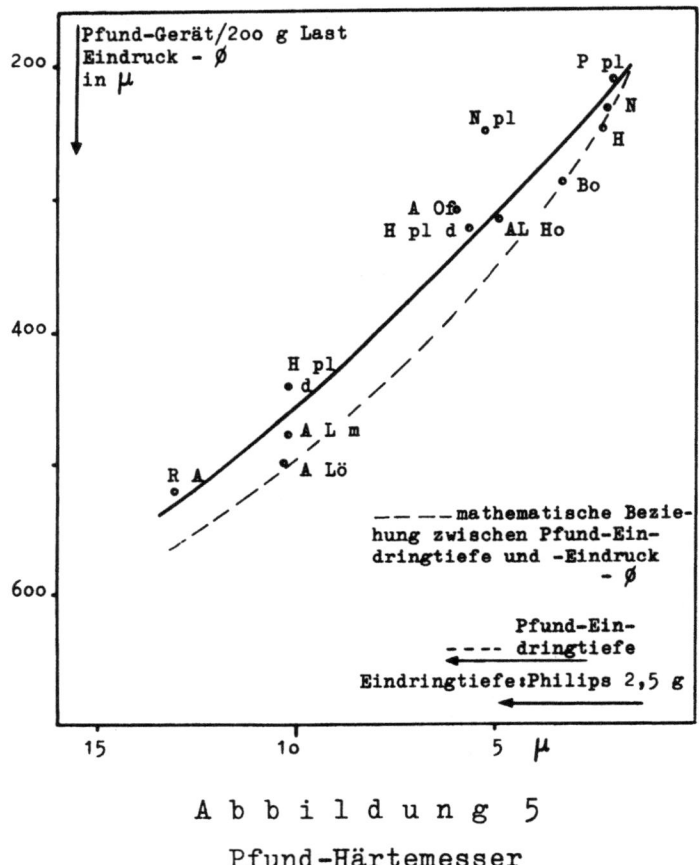

Abbildung 5
Pfund-Härtemesser

b) **Weitere Eindringtiefenmeßgeräte**

Der Pfundhärtemesser hat als Eindruckkörper eine Quarzhalbkugel. Bei der Messung wird der Durchmesser des Eindrucks während der Belastung durch die Halbkugel hindurch mit einem Meßmikroskop im Auflicht- Hellfeld bestimmt. Die Messung der Werte mit diesem Gerät erfordert gute Fertigkeit im Mikroskopieren. Die Brauchbarkeit der Methode ist aber aus der Kurve deutlich zu erkennen. Abbildung 5 zeigt den Vergleich der Eindringtiefe nach Philips mit dem Eindruck beim Pfund-Gerät. Man sieht, daß das Pfund-Härteprüfgerät Meßwerte ergibt, welche recht gut proportional in die Härteskala des Philips-Gerätes hineinpassen.

Man sieht sehr gut die Gründe für die Abweichungen. Die Flächenbelastung ist bei dem Pfund-Härtemesser sehr gering, d.h. das plastische Fließen tritt nicht so stark in Erscheinung.

Der Siemens-Härteprüfer (Kreismesser)[4] besteht aus einer runden Stahlscheibe, die längs ihres Umfangs zu einer kreisförmigen Schneide unter

---

4) Siehe Normenblattvorschlag / Siemens, (FNA, AA 2.3., 30.8.50).

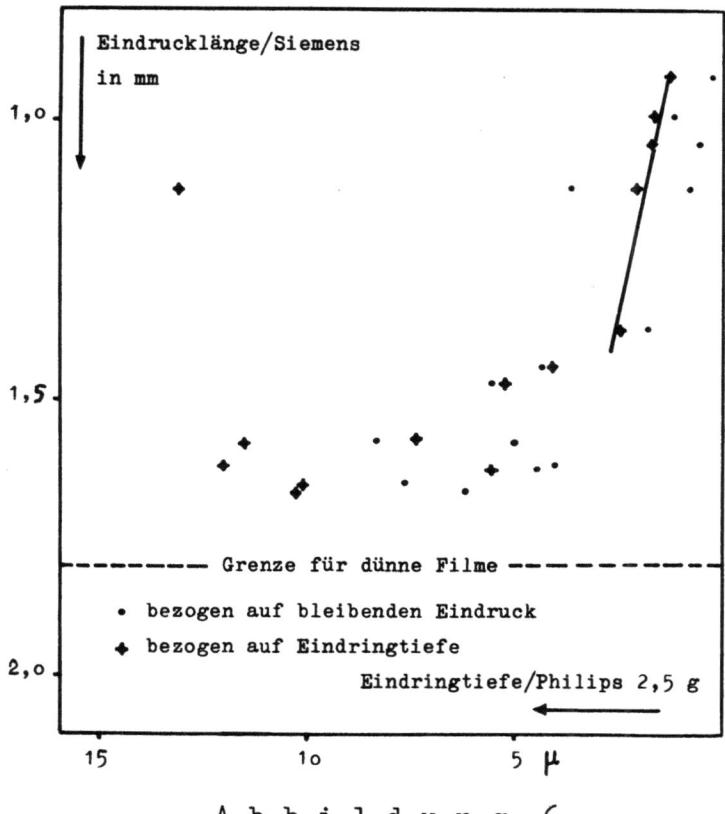

Abbildung 6

Anwendungsbereich des Kreismessers nach Siemens

dem Winkel von 60° geschliffen ist. Diese dringt unter der Belastung von 500 g in den Lackfilm ein und hinterläßt dort einen länglichen Eindruck, welcher nach der Entlastung gemessen wird.

Während das Pfundgerät recht gute Aussagen gestattet, zeigt der Siemens-Härteprüfer (Abb. 6) deutlich im weichen bis mittleren Härtebereich ausserordentlich geringe Differenzierung. Im rechten Teil der Abbildung 6 sind die Vergleichspunkte, soweit sie einen Kurven-Verlauf erkennen lassen, miteinander verbunden. Oberhalb 1,4 mm Eindrucklänge ist aber praktisch keine Beziehung mehr festzustellen, weil die Punkte praktisch alle im selben Bereich liegen. Den Grund erkennt man, wenn man die Eindrucklänge ausrechnet (gestrichelte Linie), bei der das Kreismesser bis zum Untergrund durchgedrungen ist. Man erkennt, daß das Kreismesser schon bei sehr harten Lacken auf die Hälfte der Lackschichtdicke eindringt. Bei Eindringtiefen, die mehr als die Hälfte der Schichtdicke betragen, ist aber der Einfluß des Untergrundes zu stark und eine Messung nicht mehr möglich, wie oben beim Philips-Gerät klargestellt wurde. Das Siemens-Härteprüfgerät ist für härteste Lacke, z.B. Drahtlacke, entwickelt worden und seine Brauchbarkeit ist praktisch auf harte Lacke beschränkt.

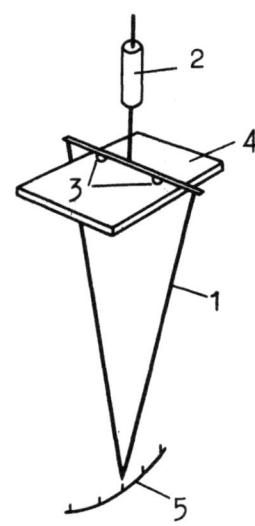

Abbildung 7
Schema des Pendelhärteprüfers (KÖNIG)

c) Die Dämpfungshärte-Prüfgeräte

Bei der Dämpfungshärteprüfung wird die Erfahrung zu Grunde gelegt, daß ein weicher Lacküberzug die schwingende Bewegung eines auf ihm abrollenden Körpers stärker dämpft als ein harter Lackfilm. Bei dem Pendelhärteprüfer nach KÖNIG (Abb. 7)[5] besteht der schwingende Körper aus einem Pendelrahmen (1), welcher mit 2 Kugeln (3) auf dem Anstrichfilm (4) lagert. Man lenkt das Pendel zu einem bestimmten Ausschlag aus der Gleichgewichtslage aus und mißt die Zeit, bis die Pendelschwingung auf den halben Ausschlag an der Skala (5) gedämpft wird. Die Schwingungszeit des Pendels ist durch das Gegengewicht (2) geeicht. Je schneller das Pendel gedämpft wird, umso geringere Pendelhärte hat der Film.

Die Kurve in Abbildung 8 zeigt den Vergleich der Pendelhärteskala des Albert-Pendelhärte-Gerätes nach KÖNIG[5] mit der Skala der Eindringhärte. Die Kurve für die dünnen Filme zeigt bei der Eindringtiefe von ca. 4 - 5 μ einen gewissen Knick, für dicke Filme bei ca. 10 μ. Das Auffälligste an dem Vergleich ist aber, daß starke Abweichungen von der Vergleichskurve vorkommen. Die zur gestrichelten Kurve der dünnen Filme gehörigen Meßpunkte weichen z.B. für den unplastifizierten Harnstoffharzlack stark in der Pendelhärte nach geringerer Härte ab. Überhaupt sind die Abweichungen

---

5) W. KÖNIG, Farbe und Lack 59 (1953), 435.

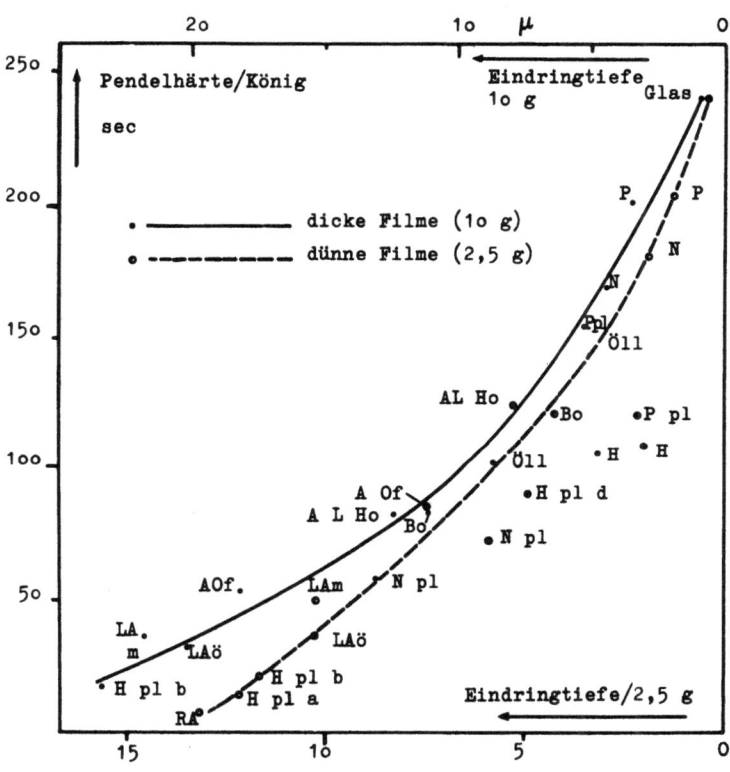

Abbildung 8
Albert-Pendelhärteprüfer nach KÖNIG

nach geringerer Pendelhärte viel auffallender als nach höherer Pendelhärte. Die eingezeichneten Kurven sind natürlich etwas willkürlich, sind aber doch so gewählt, daß man sie als mittlere normale Vergleichkurven zwischen Pendelhärte und Eindringhärte ansehen kann.

Der unplastifizierte Harnstoffharzlack weicht bei dünnen und dicken Filmen stark von der mittleren Kurve nach geringerer Pendelhärte ab, ebenso der plastifizierte Nitrolack. Auch für die anderen Lacksorten ist die Lage zur mittleren Kurve für beide Filmstärken praktisch genau die gleiche. Sie ist also keine Auswirkung der Meßgenauigkeit, sondern die Unterschiede in der Härteskala zwischen der Pendelhärte und der Eindringhärte müssen als charakteristisch für das Härteverhalten der Lackfilme angesehen werden.

Diese Abweichungen spielen für die normale Aufgabe der Härtemessung keine Rolle. Denn die Hauptaufgabe besteht je darin, bei verschiedenen Lackansätzen der gleichen Bindemittelsorte die Härte-Unterschiede festzustellen. Hier gibt die Pendelhärteprüfung dann auch eine wirklichkeitsgetreue Härtereihenfolge.

Um dies besser verstehen zu können, sollen die Gründe für die Abweichungen näher erläutert werden:

Das Pendel schafft sich bei der Schwingung eine gewisse Bahn. Diese Bahn wird bei gewissen Filmen vollkommen platt gewalzt sein. Bei anderen Filmen dagegen wird bei jeder Pendelschwingung der echte elastische Anteil der Verformung beim Zurückschwingen eine beschleunigende Kraft ausüben, also nichts zur Dämpfung beitragen, während der langsam zurückfedernde Teil der Verformung zwar nachfedert, aber keine beschleunigende Kraft ausübt, sondern nachhinkt und bei der nächsten Schwingung wieder verformt werden muß. Diese Anteile von langsam zurückfedernder Verformung tragen also einen wesentlichen Teil zur Dämpfung bei, während die reinen plastischen Anteile, die platt gewalzt werden, nur bei den ersten Pendelschwingungen maßgebend mitwirken. Diejenigen Lacksorten, welche die Abweichung nach geringerer Pendelhärte zeigen, lassen einen besonders hohen Anteil an Rückfederung beim Eindringtiefenmesser in Abbildung 3 erkennen. Die Abweichungen der Meßpunkte von einem mittleren Vergleich der Härteskala sind also auf die Eigenart der Dämpfungshärte zurückzuführen, welche bei einem bestimmten Bindemittelcharakter eine zu geringe Pendelhärte vortäuschen kann. Bei anderen Bindemittelsorten dagegen kann durch das Plattwalzen eine zu hohe Pendelhärte vorgetäuscht werden.

Die spezielle Eigenart der Dämpfungshärte wird noch verdeutlicht, wenn man Weichgummi verschiedener Härte mit dem Eindringtiefenmesser und mit dem Pendelhärteprüfer mißt.

Tabelle 3

Eindringtiefe bei 1 g Belastung μ	Gummisorte (Weichgummi)	Pendelhärte/KÖNIG sec
69,0	sehr weich	92
52,5	weich	76
31,0	hart	33
21,5	etwas härter	27

Die in Tabelle 3 wiedergegebenen Ergebnisse der Messungen an Weichgummiplatten zeigen das erstaunliche Ergebnis, daß die weicheren Gummisorten größere Pendelhärte haben und zwar in genau entgegengesetzter Reihenfolge. Die größeren Werte der Pendelhärte in sec täuschen also in diesen Fällen für die weichere Oberfläche die größere Härte vor. Bei der Eindringtiefenmessung dagegen ergibt sich dieselbe Einstufung der Härte, wie man sie nach dem Gefühl mit dem Fingernagel bekommt.

Der geschilderte Nachteil hat für normale Härtemessungen verhältnismässig geringe Bedeutung. Er spielt nur dann eine Rolle, wenn eine Lacksorte in die absolute Härteskala für den Vergleich mit anderen Lacksorten vollkommen verschiedener Bindemittelbasis eingeordnet werden soll. Für die Vergleichsmessungen verschiedener Lacke der gleichen Bindemittelbasis dagegen haben die Filme den gleichen Rückfederungscharakter, und dann gibt die tiefer eindringende Kugel auch stärkere Dämpfung. Soweit man sich auf relative Vergleichsmessung beschränkt, hat man es also bei der Pendelhärtemessung mit einer mittelbaren Eindringhärtemessung zu tun, bei der sich der Rückfederungscharakter besonders aufprägt, unter Umständen verstärkt durch eine Klebrigkeit. Die andere grundsätzliche Fehlerquelle, das Plattwalzen des Filmes, macht sich praktisch nur bei sehr weichen Filmen (z.B. Standöl) bemerkbar, die in dieser Versuchsreihe gar nicht mit untersucht wurden. Ein Beispiel hierfür gibt der letzte Abschnitt (Abb. 17).

Die Abhängigkeit von der Schichtdicke war nicht so deutlich aus dem Vergleich der beiden Kurven in Abbildung 8 zu erkennen. Aus Abbildung 9 geht hervor, daß für dünne Filme die Pendelhärte 1 - 1 1/2 mal so groß ist wie für dicke. Diejenigen Filme, die in Abbildung 8 die stärkste Abweichung von der Härteskala zeigen, haben in Abbildung 9 die geringste Abhängigkeit der Pendelhärte von der Schichtdicke, sind also am wenigsten plastisch. Man hat also in der Abhängigkeit der Dämpfungshärte von der Schichtdicke ein weiteres Härtecharakteristikum.

Bei den anderen Dämpfungshärtegeräten macht sich der Bindemittelcharakter in gleicher Weise bemerkbar wie beim Albert-Pendelhärteprüfer nach KÖNIG. Das zeigt Abbildung 10. Hier ist deutlich zu erkennen, daß die Härteskala des in Frankreich genormten "Persoz-Pendels"[6] fast genau linear proportional der Skala des "König-Pendels" ist. Bei niedrigen Härten zeigt es eine etwas stärkere Differenzierung. Allgemein sind die Meßzeiten doppelt so lange, wie die des König-Pendels, was eine Verlängerung

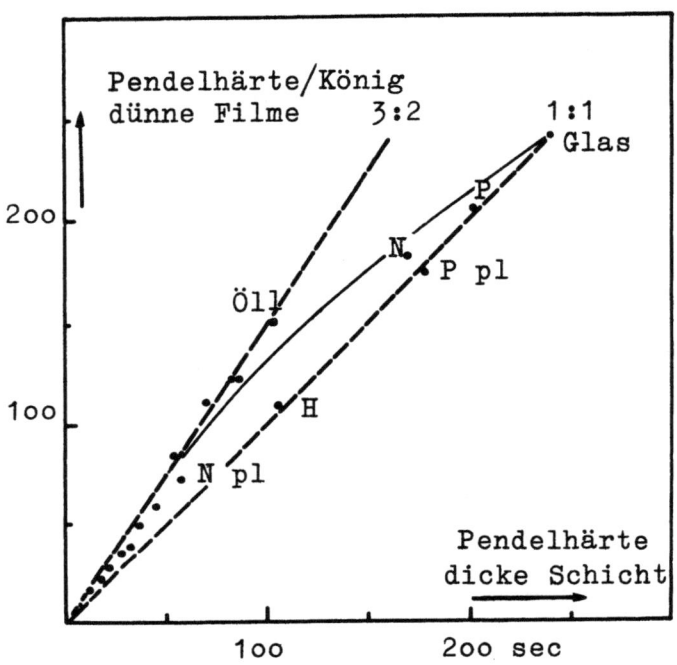

Abbildung 9

Abhängigkeit der Härte von der Schichtdicke

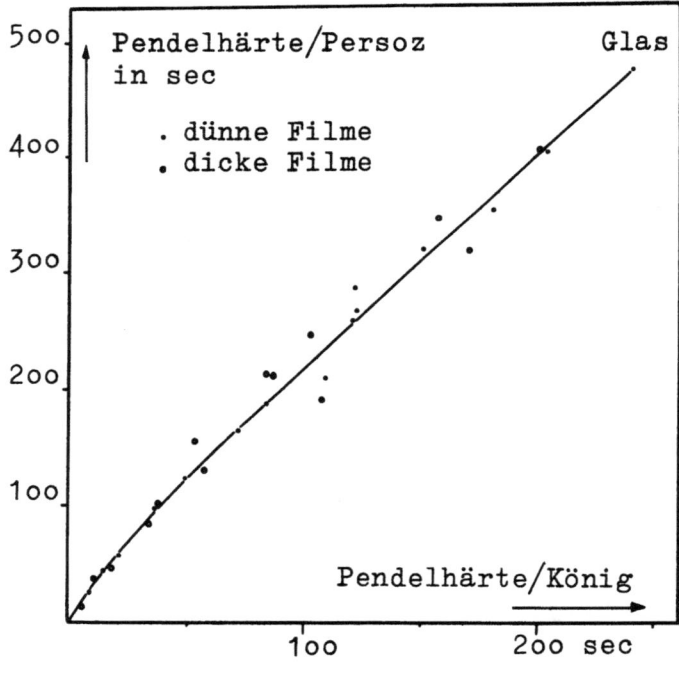

Abbildung 10

Vergleich der Härteskalen der beiden Pendelhärteprüfer

der Prüfzeiten bedeutet, ohne daß dabei die Meßgenauigkeit verbessert würde. Die Genauigkeit des Persoz-Pendels ist infolge seiner einfachen Bauart eher etwas geringer (s. Abschn. 3).

Die Konstruktion des Persoz-Pendels[6] unterscheidet sich im Prinzip nur wenig von der des KÖNIG-Pendels. Bei dem Schaukelhärteprüfer dagegen dient als Auflage keine Kugel, sondern zwei kreisförmige Kufen nach der Art des "Rhönrades"[7]. Der Schwerpunkt des zweikufigen Rades liegt unterhalb des Mittelpunktes und wurde auf eine bestimmte Schwingungsdauer auf einer ebenen Glasfläche geeicht. Anfangs- und Endpunkt der Schwingung wird durch zwei Libellen angezeigt. Bei dem Schaukelhärteprüfer muß man insbesondere darauf achten[2], daß bei der praktischen Messung die Versuchsbedingungen korrekt eingehalten werden; denn die Fehler durch schiefe Lage der Platten bei der Messung oder durch Oberflächenverschmutzung bzw. Rauhigkeit sind bei dem Schaukelhärteprüfer recht groß.

Die Härteskala des Schaukelhärteprüfers ist in Abbildung 11 mit der Pendelhärteskala verglichen. Aus der Abbildung 11 geht hervor, daß der Gang der Härteskala bei dem Schaukelhärteprüfer derselbe ist wie bei den beiden Pendelhärteprüfern. Die etwas größeren Schwankungen sind auf die geringere Meßgenauigkeit des Schaukelhärteprüfers zurückzuführen, der demnach eine nicht so gute Differenzierung der Härte erlaubt wie die Pendel. Es muß erwähnt werden, daß die Handlichkeit des Gerätes dazu verleitet, die Versuchsbedingungen nicht korrekt einzuhalten. Das führt dann infolge Temperatur- und Feuchtigkeitsschwankungen oder durch die oben erwähnten Fehlerquellen zu Widersprüchen in der Praxis und würde z.B. in der Kurve Abbildung 11 viel größere Schwankungen ergeben.

Die Übereinstimmung der Härteskalen der drei Dämpfungshärtegeräte untereinander ist so gut, daß sich an dieser Stelle die Wiedergabe der Vergleichskurve mit der Eindringtiefenmessung für das Persoz-Pendel und den Schaukelhärteprüfer erübrigt. Dieser Vergleich ergibt im wesentlichen genau dasselbe Ergebnis wie bei dem KÖNIG-Pendel.

---

6) Franz. Normblattentwurf T 30-016; W. TOELDTE, Farbe und Lack 56 (1950), 102.
7) G. ZEIDLER u. W. HEYNE, Fette u. Seifen 52 (1950), 219.

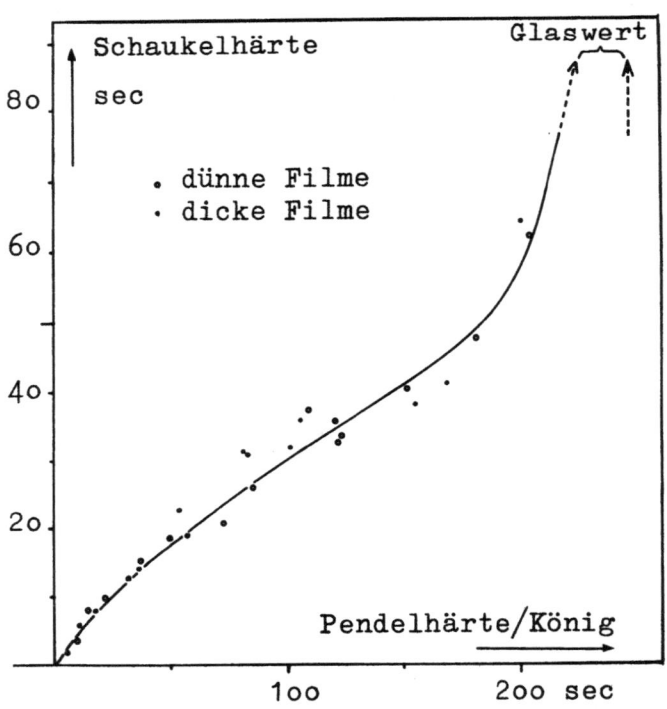

Abbildung 11
Schaukelhärteprüfer

In diesem Zusammenhang muß auch auf eine Versuchsbedingung eingegangen werden, die bei allen Schwingungsgeräten eingehalten werden muß. In Abbildung 1 ist gezeigt, daß die Meßwerte von der Feuchtigkeit des Lackfilms abhängig sind. Dies macht sich noch allgemeiner bemerkbar: Es bildet sich anscheinend bei den ersten Messungen ein Gleichgewichtszustand zwischen der Oberflächenwasserhaut des Pendels und der Oberflächenwasserhaut des Lackfilms, wie sich beim Übergang zu anderen Bindemittelsorten bemerkbar macht. Diese Einstellzeit wurde bei den Messungen berücksichtigt. Nicht berücksichtigt werden konnten natürlich etwaige unbekannte Einflüsse der Oberflächenvorgeschichte, wie z.B. in Abbildung 1 durch das feuchte Abwischen demonstriert ist.

3. Fehlergrenzen und Reproduzierbarkeit der zerstörungsfreien Härteprüfgeräte

Die vergleichenden Messungen an den verschiedenen Härteprüfgeräten wurden in einem so großen Umfange durchgeführt, daß man einen statistischen Mittelwert bilden und über die Reproduzierbarkeit dieser Mittelwerte etwas aussagen kann.

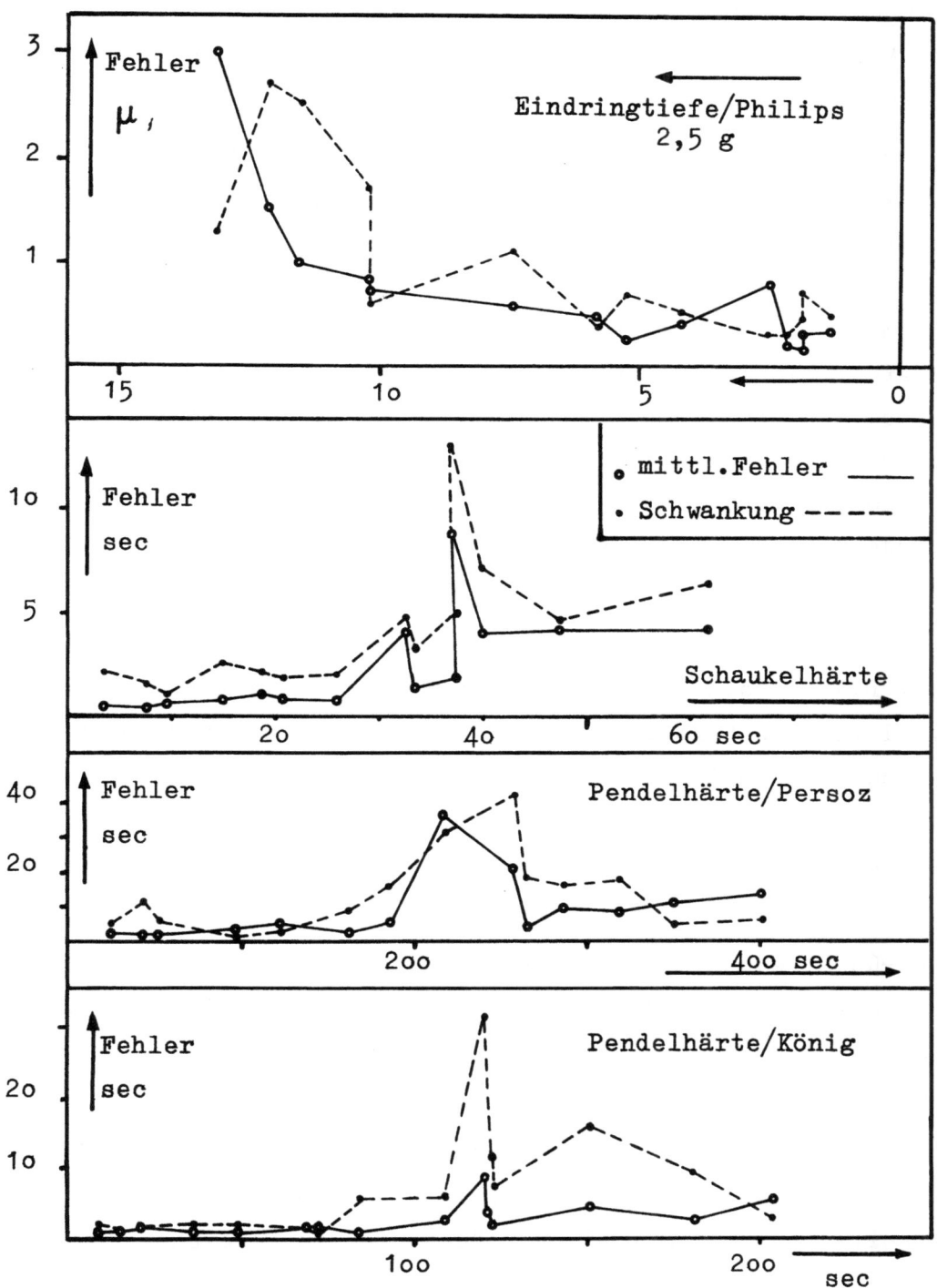

Abbildung 12
Fehlergrenzen und Reproduzierbarkeit

Die Fehlergrenzen der einzelnen Mittelwerte und die Schwankungen, welche die 4 Mittelwerte derselben Lacksorte untereinander zeigen, soll Abbildung 12 veranschaulichen. In ihr sind jedesmal nach oben die Fehler und

Forschungsberichte des Wirtschafts- und Verkehrsministeriums Nordrhein-Westfalen

Schwankungen aufgetragen. Der Maßstab der Fehler ist jedesmal in der Dimension der Meßgröße des betreffenden Gerätes aufgetragen, er ist zur besseren Sichtbarmachung aufs Doppelte überhöht.

Das Philips-Gerät zeigt bei den hier wiedergegebenen Messungen an dünnen Filmen im Bereich unterhalb 8 μ Eindringtiefe, d.h. bei Lackfilmen mittlerer bis höherer Härte, Werte für die Reproduzierbarkeit und Fehlergrenzen von ca. 1/2 μ, also ca. 1/20 des Härtebereichs. Für weichere Filme, also oberhalb 10 μ, wird die Fehlergrenze wesentlich höher. Wenn man trotzdem oberhalb 10 μ Eindringtiefe bei dünnen Lackfilmen Prüfungen machen will, muß man eine wesentlich größere Anzahl Messungen vornehmen und mehrere Platten untersuchen, um korrekte Ergebnisse zu bekommen. Die drei Dämpfungshärtegeräte zeigen in dem weicheren Gebiet größere Genauigkeit. Das bedeutet, daß die Schwankungen infolge der äußeren Bedingungen doch mit wachsendem Meßwert größer werden.

Das Albert-Pendel nach KÖNIG zeigt die geringsten Fehlergrenzen von allen Geräten. Die Reproduzierbarkeit (Schwankung der 4 Mittelwerte) ist aber im mittleren bis härteren Bereich infolge der äußeren Bedingungen schlechter und gestattet gar nicht, die größe Genauigkeit auszunutzen. Bei dem Persoz-Pendel sind Genauigkeit und Reproduzierbarkeit ungefähr von der gleichen Größenordnung. Diese beiden Geräte gestatten die Differenzierung von etwa 30 Härtestufen.

Das Schaukel-Gerät gestattet nur die Unterscheidung von ca. 10 Härtestufen, da bei ihm die Reproduzierbarkeit schlechter als die Fehlergrenze ist, so daß sich die Genauigkeit durch die Anzahl der Messungen nicht steigern läßt.

Diese Abschätzung gilt natürlich nur dafür, daß man eine Einstufung verschiedener Bindemittelsorten unter korrekten Bedingungen auch zu verschiedenen Zeiten vornehmen will. Für Messungen zur gleichen Zeit am gleichen Ort zum Vergleich ähnlicher Lacksorten ist die Genauigkeit grösser. Bei dem Eindringtiefenmeßgerät kann man im härteren Bereich durch eine größere Anzahl Messungen die Reproduzierbarkeit steigern, man kann dann im mittleren bis härteren Bereich ca. 15 Härtestufen unterteilen.

Der Einfluß der Schichtdicke ist bei den einzelnen Geräten schon kurz behandelt. Die dicken Filme sind im allgemeinen scheinbar weicher. Die Fehlergrenzen sind bei ihnen nicht wesentlich höher, auf ihre Wiedergabe kann hier daher verzichtet werden. Der Verlauf der Härteskala wird durch die Unterschiede bei dicken Filmen nicht wesentlich verschoben. Die Messungen an dicken Filmen dienen aber gut zur Beurteilung des **Härtecharakters** der Lacksorten.

C. Ritzgeräte

Bei den Ritzhärteprüfgeräten ist, wie schon in der Einleitung auseinander gesetzt wurde, der Verletzungsvorgang verhältnismäßig komplex. Schon in den zwanziger Jahren haben PETERS[8] und auch andere Autoren die verschiedenen Schwierigkeiten bei der Ritzhärteprüfung gezeigt. Es kann daher hier darauf verzichtet werden, diese Schwierigkeiten allzu ausführlich zu behandeln, da unsere Ergebnisse die damaligen Befunde bestätigen.

Es sind vor allen Dingen 5 Fehlerquellen festgestellt worden:

1. Die Ritzgeschwindigkeit muß konstant gehalten werden.
2. Die verschiedenen rollenden Belastungsgewichte beim Kempf-Gerät geben oft bei dem gleichen Film verschiedene Ritzwerte.
3. Die Abnutzung des Ritzwerkzeuges gibt eine Verschiebung der Härtewerte.
4. Die Anritzung ist schlechter zu erkennen, insbesondere bei pigmentierten Filmen, als die Durchritzung. Dies gilt vor allen Dingen für Beobachtungen zu verschiedenen Zeiten, wenn man die Filme nicht nebeneinander zum Vergleich hat.
5. Schmutz in der Oberfläche ruft Schwankungen der gemessenen Ritzhärtewerte vor, insbesondere bei pigmentierten Lacken.

1. Versuchsbedingungen

Das Prinzip der Ritzhärteprüfung ist aus Abbildung 13 ersichtlich. Der Anstrichfilm wird mit seiner Unterlage auf einem Schlittentisch fest aufgelegt, welcher auf einem Rahmen hin- und hergeschoben werden kann. Das bei unseren Versuchen verwendete Gerät wurde in der Weise umgebaut, daß das Gleiten auf Kugeln geschieht und der Schlitten mit einem automatischen Getriebe mit gleichmäßiger Geschwindigkeit bewegt werden kann. Der Anstrichfilm gleitet unter dem Ritzwerkzeug durch, welches an einem Hebelarm angebracht ist, der als Laufschiene ausgearbeitet ist. Bei dem

---

[8] S. z.B. F.J. PETERS im Jahresbericht d. Chem.Techn.Reichanstalt 1926.

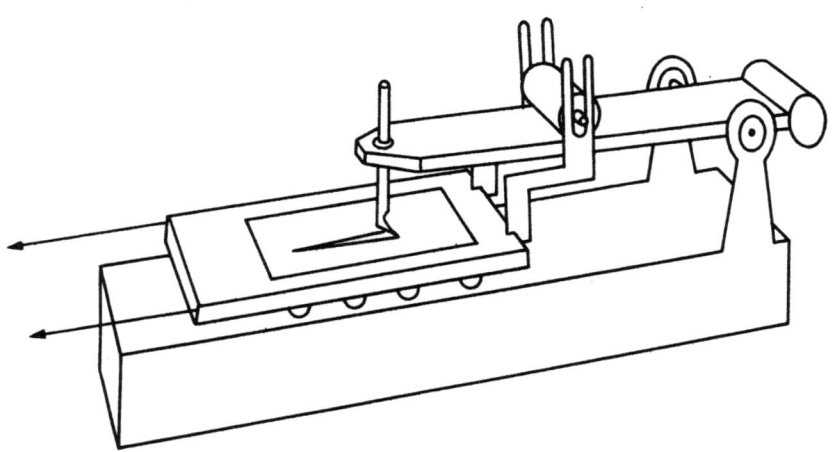

Abbildung 13
Schematische Darstellung eines Ritzgerätes

Ritzgerät nach der Anordnung von Clemen-Keyl wird das konstante Belastungsgewicht direkt über dem Ritzwerkzeug angebracht, nach der Anordnung von KEMPF wird es als Rolle auf dem Hebelarm mit Hilfe zweier Gabeln von dem Schlitten mitgeführt. Dadurch nimmt mit zunehmendem Ritzweg die Last linear zu.

Die Größe der obengenannten Fehlerqellen soll im folgenden demonstriert werden. Hierbei sollen auch die Ursachen erörtert werden.

Die Abnutzung der Ritzwerkzeuge an dem Untergrund beim Durchritzen zeigt Abbildung 14. Die Aufnahmen sind senkrecht zur Abnutzungsfläche gemacht worden. Der Durchmesser der an der Kugel abgeschliffenen Fläche ist 150μ nach 200 Ritzungen, das ist also das Fünffache der Filmdicke. Bei dieser Abmessung wirkt die Kugel nicht mehr als Kugel, sondern praktisch als Rundplatte. Der Stichel ist so stark abgenützt, daß die abgenützte Fläche ein Mehrfaches der Filmdicke breit ist. Auch der Stichel stellt also an der Berührungsfläche eine Platte dar, die in diesem Fall vorn eine scharfe Kante hat.

Welchen Einfluß diese Abnützung hat, zeigt Abbildung 15. Alle Versuche sind an dem Kempf-Gerät durchgeführt, welches mit wachsender Last arbeitet. Bei den unter a wiedergegebenen Ritzversuchen war bei den obersten Ritzern der Stichel um ca. $5°$ gegen die Senkrechte nach vorn gekantet, bei den mittleren Ritzern genau senkrecht, bei den unteren um $5°$ nach

Abbildung 14 a u. b
Abnutzung der Ritzwerkzeuge am Untergrund
a) Stichelschneide nach 1oo Ritzungen
b) Kugelspitze nach 2oo Ritzungen
Leitz-Ortholux Auflicht, Hellfeld, Vergr.: ca. 12o : 1

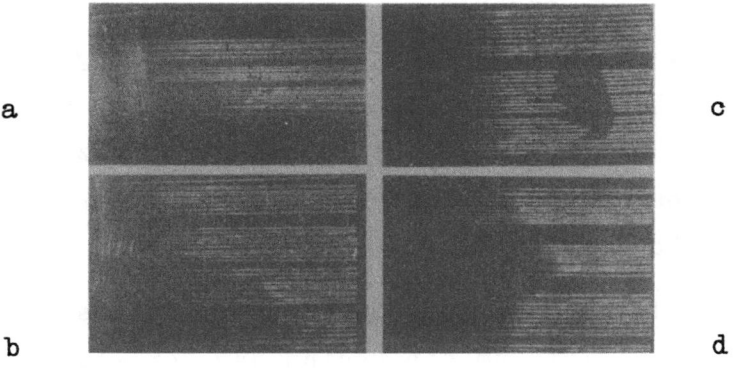

Abbildung 15
Fehlerquellen bei der Ritzprüfung
a) Verkanten des Ritzstichels
b) Abnutzung der Ritzkugelspitze
c) u. d) Einfluß v. Oberflächenschm.

hinten gekantet. Man sieht, daß die geringste Verkantung des Stichels nach vorn bei dem Ritzen viel früher eine Verletzung hervorruft.

In b ist die Auswirkung der Abnützung der Kugel deutlich sichtbar. Die ersten 1o Ritzer sind mit einer neuen Kugelspitze ausgeführt. Die nächsten 1o Ritzer nach insgesamt 1oo Ritzern (auf anderen Blechen), die nächsten nach 2oo Ritzungen, die letzten nach 3oo Ritzern. Durch die Abnützung der Kugel steigt der Härtewert.

Diese Fehlerquelle wurde bei unseren Versuchen ausgeschaltet, indem jede Kugel nur 1oo mal benutzt wurde. Sie wurde außerdem vorher 1o mal auf einer Spiegelglasplatte abgeschliffen und zwar in genau derselben Stellung, in der nachher die Ritzung vor sich geht. Wenn man die Ritzrichtung der Kugel verdreht, erhält man andere Werte. Als Kugelspitze wurde eine Kugellagerkugel von 1 mm Durchmesser verwendet, welche in einem $60°$-Messing-Kegel an der Spitze eingelassen war.

Eine zweite Fehlerquelle liegt in der Oberflächenvorgeschichte. Das Ritzwerkzeug gleitet über Oberflächenschmutz in gewissen Fällen wie ein Schlitten hinweg. Als Beispiel ist in Abbildung 15 c und d gezeigt, wie die Kugel infolge eines absichtlich angebrachten Daumenabdruckes über diese Stelle hinweggleitet, so daß sogar die Ritzspuren aussetzen (c) oder der Beginn des Ritzens wesentlich verzögert wird (d). In ähnlicher Weise wie der Schmutz scheint bei den Versuchen die oberflächliche Wasserhaut der Filme unkontrollierbar zu wirken.

Während die Abnützung der Ritzwerkzeuge wenigstens in gewissen Grenzen ausgeschaltet werden konnte, indem eine Spitze nur für wenige Versuche benützt wird, ist der Einfluß der Oberflächenverschmutzung oder das Gleiten des Ritzwerkzeuges auf Filmsplittern, die durch das Ritzen abgesprengt werden, praktisch unkontrollierbar.

Es sei an dieser Stelle noch darauf hingewiesen, daß es natürlich verschiedene Möglichkeiten gibt, um den Beginn der Verletzung bei einer bestimmten Last durch einen Meßwert festzulegen. Es wurde daher bei allen Versuchen sowohl der Beginn der feinsten weißlich sichtbaren Verletzung als auch der Beginn der Durchritzung festgehalten, die man z.B. auch bei den in Abbildung 15 wiedergegebenen Ritzversuchen erkennt.

Auf den großen Einfluß der Ritzgeschwindigkeit und der Schichtdicke muß hingewiesen werden. Er läßt sich aber bisher noch nicht genau erfassen. Hierauf wird in Abschnitt C. 3. noch näher eingegangen.

2. Vergleich der Ritzgeräte

Aufgrund der vorstehenden Feststellungen wurden die Versuchsbedingungen für die vergleichende Untersuchung der verschiedenen Geräte möglichst so gewählt, daß die vermeidbaren Schwankungen fortfielen. Es wurden nur definierte Ritzspitzen verwendet, außerdem wurde durch ein Getriebe mit automatischem Antrieb die Ritzgeschwindigkeit auf bestimmte konstante Werte eingestellt. Bei den beiden Geräten wurden Führungsschienen mit Kugeln zur besseren Bewegung des Schlittens eingebaut.

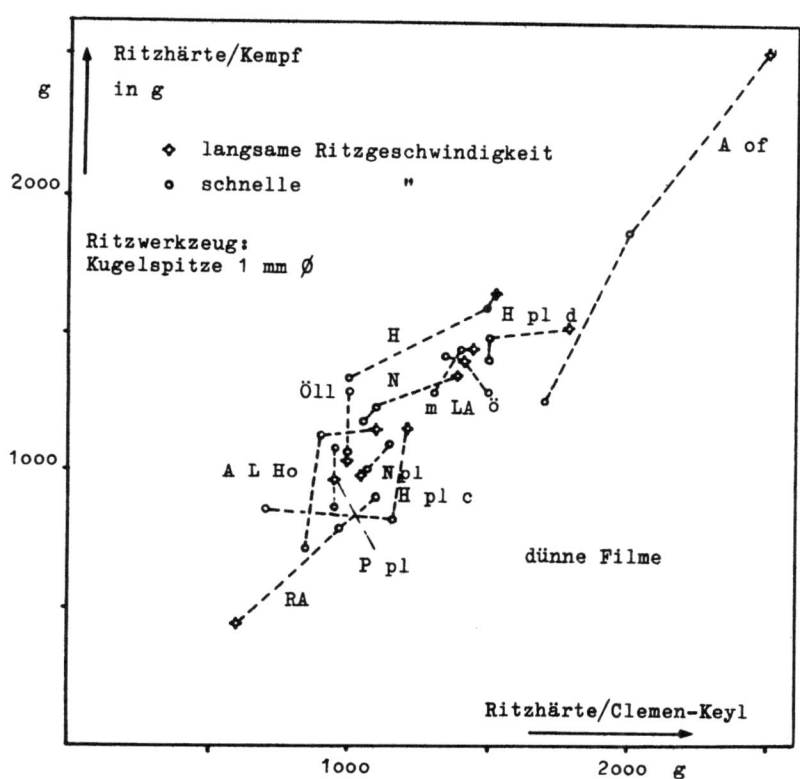

A b b i l d u n g 16
Vergleich der Ritzgeräte

Abbildung 16 zeigt den Vergleich zwischen dem mit konstanter Last arbeitenden Keyl-Gerät und dem Kempf-Gerät, welches mit der Ritzstrecke wachsende Last ergibt. Es sind für jede Lacksorte 3 Punkte eingezeichnet und durch eine gestrichelte Linie miteinander verbunden. Jeder Punkt stellt den Vergleich der Messungsergebnisse mit beiden Geräten an derselben Platte dar. Von den Messungen mit der schnellen Ritzgeschwindigkeit sind für jede Lacksorte die Ergebnisse für 2 Platten gleicher Vorgeschichte wiedergegeben, für langsame Ritzgeschwindigkeit die Werte für je 1 Platte. Die Bezeichnung der Lacksorte und Punkte ist aus der Abbildung zu erkennen. Es sei darauf hingewiesen, daß jeder Meßwert Mittelwert von 6 Einzelmessungen mit jedem Gerät ist. Es sind die Werte für das Durchritzen bis zum Untergrund hier angegeben, da sie am genauesten sind.

Abbildung 16 zeigt, daß die Werte, die man beim Kempf-Gerät aus der Ritzstrecke für die Last berechnet, nicht allzu stark von den bei dem Keyl-Gerät erhaltenen Lasten unterschieden sind. Die Vergleichspunkte weichen nicht allzu stark von der 45°-Geraden ab. Sehr groß sind die Schwankungen der Meßwerte für zwei verschiedene Platten der gleichen Lacksorte, während die Einzelwerte auf derselben Platte nicht so stark schwanken. Recht auffallend ist es, daß die Werte bei zwei verschiedenen Filmen derselben Lacksorte fast bei allen Lacken für das Keyl-Gerät und das Kempf-Gerät den gleichen Unterschied zeigen, also eine Verbindung nach schräg rechts oben oder oben, selten nach rechts. Dies bedeutet, daß das Kempf-Gerät schlechtere Reproduzierbarkeit ergibt.

Wenn man in Abbildung 16 die Werte mit langsamer Ritzgeschwindigkeit betrachtet, stellt man fest, daß die Unterschiede infolge der anderen Ritzgeschwindigkeit z.T. noch größer als die Unterschiede zwischen verschiedenen Filmen der gleichen Lacksorte sind. Ähnliche Unterschiede erhält man durch Verwendung verschiedener Belastungsgewichte beim Kempf-Gerät.

Man erkennt aus diesen Schwankungen, daß es zwar möglich ist, bei einem einzelnen Lackfim Ritzhärteergebnisse zu bekommen, welche eine gute Genauigkeit vortäuschen, daß aber bei einem zweiten oder dritten Film derselben Lacksorte oder bei der geringsten Veränderung der Versuchsbedingungen z.B. bei anderer Ritzgeschwindigkeit stärkere Schwankungen auftreten, welche praktisch nur wenige Härtestufen bei der Ritzhärte einzuteilen gestatten. Im mittleren Bereich findet man bei manchen Lacksorten eine gute Reproduzierbarkeit.

Um festzustellen, wieweit die Ritzhärte mit der Eindringhärte zusammenhängt, ist in Abbildung 17 die Ritzhärte mit der Eindringtiefe und mit dem bleibenden Eindruck verglichen. Wenn man diejenigen Punkte, die den Vergleich mit der Eindringtiefe darstellen, in ihrer Verteilung betrachtet, so stellt man fest, daß sich auch nicht angenähert eine mittlere Kurve finden läßt, was z.B. bei den Vergleichsdiagrammen Abbildung 8, 9 und 11 möglich war. Daraus geht hervor, daß die Ritzhärtewerte mit der Eindringhärte nur sehr wenig zu tun haben.

Wenn man dagegen diejenigen Punkte in Abbildung 17 betrachtet, die den Vergleich der Ritzhärte mit den Werten für den bleibenden Eindruck darstellen, so stellt man im vorliegenden Fall einen gewissen Zusammenhang fest: Die oberen Punkte, die also zu Filmen mit sehr kleinem bleibendem Eindruck gehören, welche alle beim Ritzen gesplittert waren, ergeben eine Gruppe, die entsprechend dem Splittern und durch den Einfluß der Haftfestigkeit eine zu geringe Ritzhärte anzeigen. Die auf der rechten Hälfte miteinander verbundenen 3 Vergleichspunkte gehören zu den 3 Leinölalkdharzen.

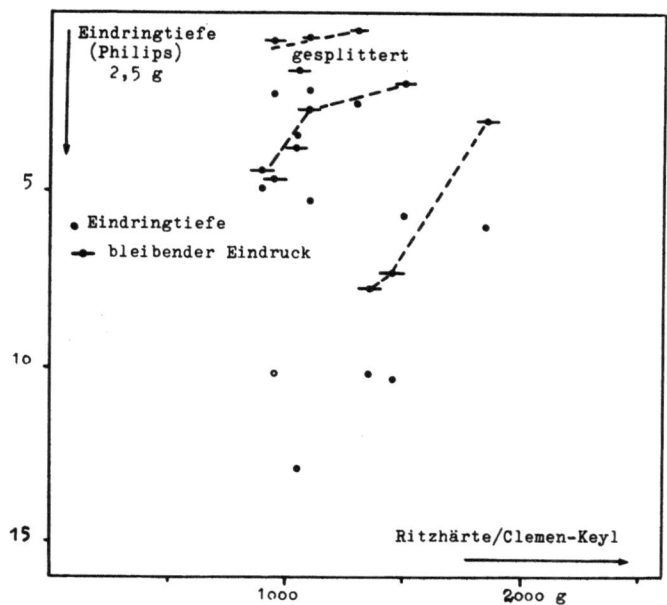

Abbildung 17
Vergleich der Ritzhärte (Durchritzen) mit der
Härteskala der Eindringtiefe

Sie ergeben mit wachsender Eindringhärte wachsende Ritzhärte, ebenso wie die übrigen mittelharten Lacksorten, die im mittleren Teil miteinander verbunden sind, geordnet nach dem bleibenden Eindruck.

Auf die Möglichkeit eines solchen Zusammenhanges zwischen Ritzhärte und bleibendem Eindruck soll hier nur hingewiesen werden. Er erscheint nach der grundsätzlichen Beschreibung des Ritzvorganges in Abschnitt A nicht unverständlich.

Es sei hier noch einmal ausdrücklich erwähnt, daß die Ritzhärteversuche mit großer Sorgfalt durchgeführt wurden. Gerade dadurch zeigt sich aber, wie gering die Reproduzierbarkeit des Ritzvorgangs seiner Natur nach für viele Lacksorten ist, trotz der Wahl genauester Versuchsbedingungen.

Über die beiden anderen Geräte mit wachsender Last, das Dantuma-Gerät und den Rossmann-Ritzhärteprüfer können in diesem Zusammenhang die ausführlichen Ergebnisse nur zusammengefaßt werden. Das Rossmann-Gerät ergibt, insbesondere wegen der verschiedenen Belastungsstufen, in denen es arbeitet, keine gut reproduzierbaren Werte. Wieweit es doch bei einzelnen Lacksorten für Vergleichsprüfungen ausreicht, läßt sich nur in jedem speziellen Fall durch Untersuchung mehrerer Filmproben der gleichen Lacksorte entscheiden. Der Vergleich der Ritzwerte, die mit dem Dantuma-Gerät und dem Kempf-Gerät erhalten wurden, gibt keine großen Unterschiede in der Härte-Reihenfolge verschiedener Lacksorten, so weit sich dies bei der Ungenauigkeit beider Ritzhärtebestimmungen feststellen läßt. Im wesentlichen laufen also die Härteskalen der drei Geräte nach CLEMEN-KEYl, KEMPF und DANTUMA in der gleichen Reihenfolge. Der Dantuma-Ritzhärteprüfer ist sehr handlich und läßt auch mit Handbetrieb eine recht gleichförmige Ritzgeschwindigkeit verwirklichen. Durch die gleichmäßige Ritzbewegung, die bei den anderen Geräten nur mit automatischem Antrieb möglich ist, werden Fehler durch ruckweise Bewegungen vermieden. Bei dem Dantuma-Gerät ist allerdings infolge seiner speziellen Konstruktion mit zwei Hebelarmen die Belastungs- und Ritzgeschwindigkeit zwar gleichmäßig, aber nicht linear; hierdurch scheinen die Schwankungen etwas vergrößert zu werden. In der gegenwärtigen Bauweise ist das Dantuma-Gerät auch auf die Verwendung von kleinen Blechen oder dünnen Glasplatten beschränkt. Es sei erwähnt, daß von den empfohlenen Ritzwerkzeugen beim Dantuma-Gerät die Kugelspitze die beste Reproduzierbarkeit ergab[9].

Die Bleistifthärte-Beurteilung erwies sich im Bereich der mittelharten Lacke als sehr wenig definiert. Die Bleistifthärte der meisten Lacke lag bei den Bleistift-Nummern B, HB und H. Da aber die Unterscheidung zwischen zwei benachbarten Härte-Nummern noch nicht so sicher ist, kann man in einem weiten mittleren Bereich nur 2 Härtestufen einteilen. Für sehr harte Lacke, z.B. Drahtlacke, für welche das Bleistiftverfahren auch hauptsächlich angewendet wird, ist eine Differenzierung etwas besser möglich (2H - 6H). Im Bereich sehr weicher Lacke macht die Durchführung einer definierten Prüfung Schwierigkeiten. Die weichen Bleistiftsorten (2B - 6B) splittern bei der Prüfung sehr leicht ab und geben eine schlecht definierte Spitze und wesentlich größere subjektive Streuungen. Die geringsten Schwankungen wurden bei den Vergleichsversuchen erhalten, wenn die Bleistiftspitze zu einem scharfen Meißel unter ca. 20° geschliffen wurde und die Prüfung unter einem Anstellwinkel von 30° mit einem solchen Druck ausgeführt wurde, daß die Meißelschneide gerade noch nicht absplittert.

---

[9] Auf diese für die Ritzhärteuntersuchung allgemein sehr wichtige Frage des geeigneten Ritzwerkzeuges wird in einer späteren Veröffentlichung eingegangen.

3. Vergleich der Ritzwerte unter verschiedenen Bedingungen

Bei der schlechten Übereinstimmung der Ritzwerte auf verschiedenen Anstrichfilmen der gleichen Lacksorte ist es natürlich sehr schwer, einen Überblick zu bekommen, welchen Einfluß die verschiedenen äußeren Bedingungen haben.

Die Abnutzung des Ritzwerkzeuges ist fraglos am einfachsten zu erfassen, denn sie ergibt eine laufende Vergrößerung der Ritzwerte. Oberflächenschmutz und Rauhigkeit sind dagegen von unterschiedlichem Einfluß.

Über die Auswirkung der Ritzgeschwindigkeit konnte festgestellt werden, daß die Werte bei schnellem und langsamen Ritzen stark voneinander abweichen, ebenso bei verschiedenen Belastungsgewichten beim Kempf- und Dantuma-Gerät. Die Unterschiede liegen aber nicht gesetzmäßig immer in der gleichen Richtung. Es wurden ausführliche Versuche in dieser Richtung durchgeführt, und es ergaben sich aus diesen Unterschieden gewisse Andeutungen über den Filmcharakter. Im allgemeinen läßt die schnelle Ritzgeschwindigkeit bei den thermoplastischen Stoffen die Ritzverletzung erst bei höherer Last eintreten, bei den spröderen Stoffen dagegen umgekehrt. Eine höhere Ritzgeschwindigkeit bedeutet beim Kempf-Gerät ebenso wie die Verwendung eines größeren Gewichtes eine höhere Belastungsgeschwindigkeit. Hier wirkt offenbar die größere Reibungswärme bei höherer Belastung auch mit. Jedenfalls ist der Einfluß vollkommen undurchsichtig. Offenbar spielt in beiden Fällen auch die Haftfestigkeit eine gewisse Rolle. Bei den verschiedenen Lacksorten bewirken die Einflüsse der Geschwindigkeit einmal eine Vergrößerung der Härte bis zu 50 %, bei einer anderen Bindemittelsorte dagegen eine Verkleinerung bis zu 50 %. Die Wahl einer Normalgeschwindigkeit ist daher zwar notwendig, wird aber stets willkürlich bleiben.

Noch unangenehmer werden die großen Schwankungen dadurch, daß die Filmdicke in gleicher Weise einmal größere Härte bei dicken Filmen, das andere Mal kleinere Härte ergibt (s. Tabelle 4).

Ebenso unterschiedlich ist der Einfluß des Untergrundes. Die Ritzwerte sind bei der einen Lacksorte auf Blech größer als auf Glas, bei einer anderen umgekehrt. Hier macht sich offenbar der Einfluß der Haftfestigkeit besonders bemerkbar.

Der schwankende Einfluß dieser beiden Faktoren, Schichtdicke und Untergrund, wird in Tabelle 4 an einigen Ergebnissen demonstriert. Die Zahlen zeigen die außerordentlich großen Unterschiede nach beiden Seiten und belegen, daß man nur andeutungsweise über die Gründe für diese Abweichungen etwas vermuten kann.

In ähnlicher Weise wie die Zahlenbeispiele der Tabelle 4 demonstrieren die weiteren umfangreichen Messungsergebnisse die Kompliziertheit der verschiedenen in diesem Abschnitt erwähnten Einflüsse. Sie sollen hier nicht alle wiedergegeben werden, da sie den Zusammenhang stören würden.

Tabelle 4

Ritzhärte (Kempf-Gerät, schnelle Ritzgeschwindigkeit)

Lacksorte	auf Glas		auf Blech	
	dünn	dick	dünn	dick
R A	795	665	620	770
L A ö	1400	1585	1325	1930
L A m	1430	1865	1530	1930
A LHo	1125	1625	1645	1440
A Of	1860	1225	1920	1870
H pl c	820	1175	1160	1895
N pl	1100	1755	2000	1530
N	1225	1735	1470	>2000
H	1600	1690	1115	1495

Die bisherigen Betrachtungen gelten im wesentlichen für die Kugelspitzen als Ritzwerkzeug. Die Verwendung des Ritzstichels läßt praktisch bei diesen verschiedenen Einflüssen noch weniger erkennen. Es hat den Anschein, als ob die Reibung hier wesentlich stärkere Wirkung hat. Jedenfalls ist auch die Reihenfolge der Ritzhärte mit Stichel gegenüber der mit Kugelspitze gefundenen zum Teil vertauscht. Aus der in Abbildung 13a festgestellten Tatsache, daß der Stichel eine Platte mit einer vorderen scharfen Kante darstellt, ist ersichtlich, daß die Verformung während des Ritzens mit dem Stichel nur für diejenigen Fälle einigermaßen übersichtlich ist, in denen ein wirkliches Schneiden stattfindet. Es wird wohl für solche Fälle möglich sein, brauchbare Bedingungen für das Ritzen mit dem Stichel zu erarbeiten. Es sei darauf hingewiesen, daß die besten Ergebnisse mit dem Stichel erhalten wurden, wenn er vor dem ersten Ritzversuch frisch geschliffen, dann auf einer Glasplatte durch 5o maliges Ritzen abgenutzt und ca. 3o mal zu Blindritzversuchen auf der zu untersuchenden Lacksorte verwendet war. Danach erhielt man für ca. 80 Ritzversuche an der gleichen Lacksorte einigermaßen konstante Werte. Wenn man irgendeine solche strenge Definition der Stichelschneide nicht einhält, gibt das Arbeiten mit dem Ritzstichel mit wachsender Abnutzung ständig zunehmende Werte und zwar über mehrere Größenordnungen.

Es soll noch kurz auf die Frage eingegangen werden, welchen Punkt der Ritzspur man zur Charakterisierung der Ritzhärte am besten benutzt: Der Ritzwert, der durch den Beginn des Durchritzens bis zum Untergrund bestimmt ist, ist korrekter als derjenige, der der ersten sichtbaren weißlichen Spur entspricht. Außerdem ist das Durchritzen weniger von den obigen Nebeneinflüssen abhängig. Die Breite der Ritzspur, die als Drittes eine Möglichkeit zur Festlegung des Ritzpunktes gibt, scheidet bei den meisten Lacksorten vollständig aus.

D. Zusammenfassung der charakteristischen Merkmale der einzelnen Geräte

1. Das Philips-Gerät gibt Aufschluß über die Eindringtiefenwerte unter Belastung, über das plastische Nachdringen, die elastische Rückfederung und den bleibenden Eindruck. Der Vergleich mit den anderen Geräten zeigt, daß diese 4 Charakterisierungen durch das Philips-Gerät jede einer bestimmten Beanspruchung entsprechen. Hinzuweisen ist beim Eindringtiefenmesser auf eine gewisse Ungenauigkeit bei weichen Filmen, die eine grössere Anzahl Messungen erfordert.

Von den anderen Eindringtiefenmessern gibt das Pfund-Gerät die Beanspruchung bei sehr geringer Flächenbelastung wieder. Es ist aber durchaus für den Vergleich verschiedener Lacksorten des gleichen Bindemittelcharakters gut brauchbar. Der Siemens-Härteprüfer dagegen ermöglicht nur die Messung an harten Lacken.

2. Die Dämpfungshärte-Geräte zeigen untereinander sehr gute Übereinstimmung. Das König-Pendel ist das genaueste. Das Persoz-Pendel entspricht

ihm nahezu, erfordert lediglich doppelt so lange Meßzeiten. Der Schaukelhärteprüfer ermöglicht aber auch noch eine Differenzierung von ca. 10 Härtestufen in der Dämpfungshärte. Die Dämpfungshärte dieser drei Geräte ist im allgemeinen mit der Eindringhärte proportional. Es kommen aber charakteristische Abweichungen von der Härteskala der Eindringtiefe vor. Hier macht es sich bemerkbar, daß die Dämpfungshärte nur einen Teil des Härteverhaltens der Lackfilme charakterisiert. Für verschiedene Bindemittelsorten erhält man manchmal falsche Einstufungen.

Jedoch für den normalen Gebrauch, d.h. bei dem Vergleich mehrerer Lacke des gleichen Bindemitteltyps geben die Dämpfungshärteprüfungen eine Proportionalität der Werte mit den Eindringhärtewerten; man kann sie also als mittelbare Eindringhärteprüfung ansehen, auch in dem Bereich, in dem das Philips-Gerät ungenau ist.

3. Bei den Ritzhärteprüfungen ist es außerordentlich schwer, einen Überblick darüber zu bekommen, welche Beanspruchung mit den Meßwerten wirklich charakterisiert ist. Natürlich kann man über eine Verletzung dieser ganz bestimmten Beanspruchungsart etwas aussagen, aber die Variation der Bedingungen zeigt, daß mit einer solchen Aussage nur ein zufälliger Moment erfaßt wird, der nur sehr beschränkt eine Aussage über das allgemeine Ritzhärteverhalten zuläßt. Immerhin läßt sich für mehrere Lacksorten im mittleren Härtebereich eine Differenzierung für diese ganz spezielle Beanspruchungsart für Vergleichsversuche ermöglichen, wenn man die Versuchsbedingungen möglichst genau wählt: Definierte Ritzspitze, einheitliche Geschwindigkeit und Schichtdicke, mehrere Prüfplatten, gut definierter Untergrund. Die Verwirklichung dieser guten Bedingungen erfordert sehr korrektes Arbeiten, lohnt sich aber bei denjenigen Bindemittelsorten, die überhaupt eine einigermaßen genaue Ritzhärtebestimmung zulassen.

Der Vergleich mit dem Philips-Gerät zeigt, daß das Verhalten gegenüber Ritzverletzungen durch die Charakterisierung des bleibenden Eindrucks zum Teil miterfaßt ist. Mit den Dämpfungsgeräten kann man dagegen über das Verhalten bei der speziellen Beanspruchung des Ritzens nichts aussagen.

Beim Vergleich des Clemen-Keyl-Gerätes mit dem Kempf-Gerät zeigt sich, daß die Abhängigkeit von dem Oberflächenschmutz bei dem Kempf-Gerät etwas größere Schwankungen hervorruft.

Das Dantuma-Gerät entspricht dem Kempf-Gerät weitgehend, ist aber auf Bleche beschränkt; es ist als Gerät sehr handlich.

E. Die Härteprüfung in der Praxis

Auf die Wichtigkeit der Härteprüfung für die Praxis braucht nicht erst hingewiesen zu werden. Es wurden im Rahmen dieser Untersuchungen mehrere praktische Probleme angegriffen. Zunächst sei erwähnt, daß die hier referierten Messungen an Klarlackfilmen durch die Untersuchung der gleichen Bindemittelsorten in pigmentierten Lacken weitgehend bestätigt wurden, mit den Merkmalen, die von der Pigmentierung herrühren. Zwei andere Anwendungen seien hier kurz referiert.

1. Der Wasserhaushalt von Lackfilmen

Die Abhängigkeit der Härte von der Luftfeuchtigkeit und Temperatur wurde an 6 Lackfilmen unter verschiedenen Klimabedingungen untersucht (Abb. 18). Man kann ein anschauliches Bild durch Konstruktion der Kurvenfläche in räumlichen Koordinaten gewinnen. In Abbildung 18a sind die drei Koordinaten: nach oben die Pendelhärte, nach rechts die relative Luftfeuchtigkeit und nach hinten die Temperatur. Die räumlich dargestellte Kurvenfläche stellt also die Abhängigkeit der Pendelhärte von der relativen Luftfeuchtigkeit und der Temperatur dar.

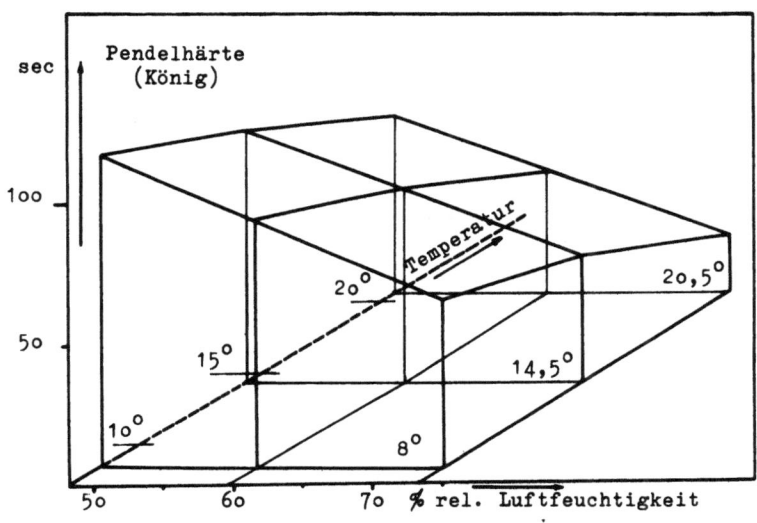

Abbildung 18 a

Wasserhaushalt von Lackfilmen, Abhängigkeit der Härte von der Temperatur und relativen Luftfeuchtigkeit

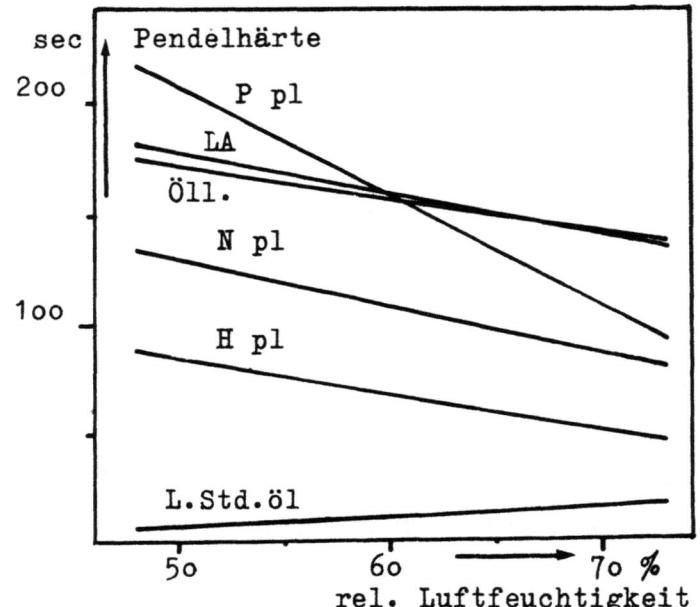

Abbildung 18 b
Abhängigkeit der Härte von der rel. Luftfeuchtigkeit

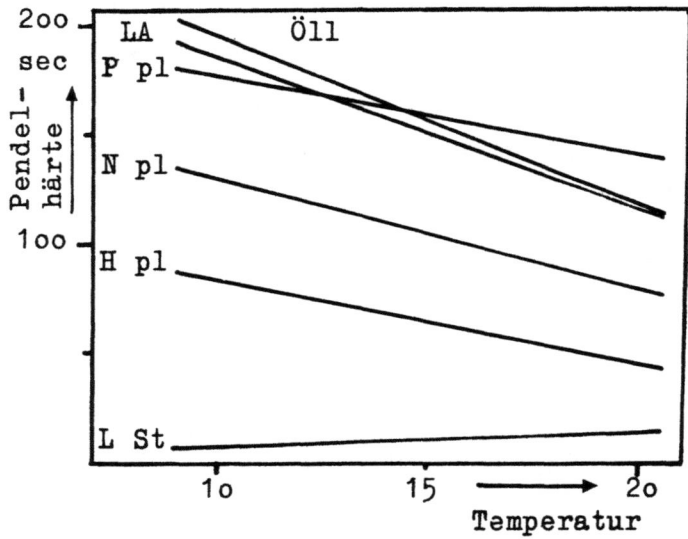

Abbildung 18 c
Abhängigkeit der Härte von der Temperatur

In Abbildung 18a ist diese Abhängigkeit für einen plastifizierten Harnstoffharzfilm dargestellt. Bei ihm ist z.B. bei 20° die Pendelhärte bei 48 % mehr als doppelt so hoch wie bei 73 %. Die Kurvenfläche weicht im Rahmen der Genauigkeit nur wenig von der Ebene ab.

Forschungsberichte des Wirtschafts- und Verkehrsministeriums Nordrhein-Westfalen

Um die Lacke besser miteinander vergleichen zu können, wurde in Abbildung 18 b jedesmal für jeden Lack aus der konstruierten Kurvenfläche die Kurve bei der konstanten Temperatur 14,5° herausgeschnitten. In Abbildung 18 c ist die bei der konstanten Luftfeuchtigkeit von 59 % herausgeschnittene Kurve wiedergegeben. Bei allen 6 Lacken ist die Abhängigkeit von der Temperatur und der Luftfeuchtigkeit sehr groß. Zwischen den verschiedenen Bindemittelsorten bestehen erhebliche Unterschiede. Es erscheint am auffälligsten, daß für die drei Lacke, die gerade als wasserfest gelten, der Einfluß der Luftfeuchtigkeit stärker ist als der Temperatureinfluß, während es bei den anderen Filmen gerade umgekehrt ist.

Eine deutliche Ausnahme bildet der Standölfilm. Seine Pendelhärte wächst mit zunehmender Temperatur und Feuchtigkeit. Die wirkliche Härte nimmt dabei aber ab. Dies ist also einer der Fälle, bei denen die Pendelhärtegeräte versagen. Hier wird der Film nämlich, je weicher er ist, umso schneller platt gewalzt, so daß eine höhere Härte bei dem weicheren Film vorgetäuscht wird.

Schlußbemerkungen

Der Einfluß der relativen Luftfeuchtigkeit und der Temperatur auf die Härte zeigt deutlich, wie wichtig die Einhaltung bestimmter Klimabedingungen bei der exakten Härteprüfung ist, wenn man an verschiedenen Stellen und zu verschiedenen Zeiten vergleichbare Werte erhalten will. Erst dann kann man die Leistungsfähigkeit der hier miteinander verglichenen Geräte in ihren gezeigten Genauigkeitsgrenzen für die Anwendung voll ausnutzen. Der Vergleich zeigt, was die Geräte eigentlich messen, welche Genauigkeit sie haben und was sie über das tatsächliche Härteverhalten in der Praxis aussagen. Die Untersuchungen haben ergeben, daß dieses Härteverhalten sich nicht mit einer Zahl ausdrücken läßt, sondern nur durch die Charakterisierung mittels der verschiedenen Härteeigenschaften und daß eine Härteeigenschaft nur bedingte Rückschlüsse auf andere zuläßt. Welche interessante Möglichkeiten es gibt, um die Härtemessung zur Lösung wichtiger praktischer Probleme zu benutzen, demonstriert der letzte Abschnitt. Bei weiteren Untersuchungen sollen die gewonnenen Erfahrungen bei der Härtemessung für die Behandlung verschiedener praktischer Fragen angewendet werden. Die Ritzhärte bedarf noch eingehender Klärung und Verbesserung

Prof. Dr. Karl HAMANN, Stuttgart
Dr. Dietrich WAPLER, Stuttgart

Forschungsberichte des Wirtschafts- und Verkehrsministeriums Nordrhein-Westfalen

II. Über die Messung der Wärmeleitfähigkeit von pigmentierten und nichtpigmentierten Anstrichen und ihre Bedeutung

A. Die verschiedenen Möglichkeiten des Wärmetransportes

Wärme kann auf dreierlei Weise transportiert werden: durch Leitung, Strahlung und Konvektion. Die Mechanismen des Wärmetransports sind in diesen drei Fällen verschieden voneinander. Bei der Wärme<u>leitung</u> handelt es sich um Wärmeaustauschvorgänge vor allem innerhalb fester Körper. Die Moleküle bleiben dabei in ihrer Ruhelage und geben die Wärme, die sich physikalisch betrachtet als Schwingung von Molekülen um eine feste Ruhelage zeigt, infolge der gegenseitigen Koppelung der Moleküle weiter. Die Wärme<u>strahlung</u> pflanzt sich unabhängig von einem materiellen Trägermedium fort. Nach dem Stefan-Boltzmannschen Gesetz strahlt jeder Körper mit einer Intensität, die der vierten Potenz seiner absoluten Temperatur proportional ist. Es handelt sich hierbei um eine elektromagnetische Strahlung ähnlich der des Lichts, lediglich in den für das menschliche Auge nicht sichtbaren Bereich des sog. Ultrarot verschoben. Bei der Absorption der Strahlung am Ort des Empfängers wird diese in die übliche Erscheinungsform der Wärme (Molekülschwingungen) zurückverwandelt. Bei der Wärme<u>konvektion</u> hat man wieder einen materiellen Träger der Wärme. Nimmt man z.B. an, Wärme solle von einer heißen Platte auf einen Luftraum übergehen, so erwärmen sich zunächst die unmittelbar an der Platte anliegenden Moleküle durch Wärmeleitung. Durch Erwärmung leichter geworden als die Moleküle ihrer Umgebung, steigen sie auf und machen den Platz an der heißen Platte den nachfolgenden kühleren Molekülen frei. Dadurch kommt eine Wärmeströmung zustande, die zum eigentlichen Träger der Wärme wird.

Die bei Wärmeübergangsvorgängen interessierende Größe ist der in der Zeiteinheit fließende Wärmestrom, gemessen in cal/sec. Im Anhang ist die Abhängigkeit des Wärmestroms von den ihn bestimmenden Größen formelmäßig dargestellt.

B. Die Wärmeleitfähigkeit von Anstrichen und ihre Bedeutung

Als Beispiel für einen Wärmeaustausch zwischen 2 Stoffen, bei dem mehrere Übergangsvorgänge hintereinander erfolgen, sei der Wärmeübergang zwischen einem Transformatordraht und dem ihn umgebenden Öl betrachtet. Die im Draht erzeugte Wärme passiert zunächst den Isolationslack des Drahtes (Leitungsvorgang) und geht dann an der Grenzfläche Lack-Öl durch Konvektion und Leitung an das Öl über. Die Wärmeleitfähigkeit des Lacks spielt also auf alle Fälle eine Rolle. Die Größe des Einflusses hängt vom Verhältnis des Wärmeleitungswiderstandes des Lackes zur Summe aus diesem plus den Übergangswiderständen an den Grenzflächen Metall-Lack und Lack-Öl ab. In Kapitel F werden mehrere Beispiele solcher Art durchgerechnet. Dort ist auch erläutert, wie man bei Rechnungen solcher Art vorzugehen hat. Vorweg sei nur gesagt, daß die Wärmeleitfähigkeit von Anstrichen überall dort eine maßgebende Rolle spielt, wo Wärme an schnell bewegte Luft oder an ruhende und bewegte Flüssigkeiten übergeht. Außerdem natürlich dort, wo der Anstrich zum direkten Wärmeträger innerhalb fester Körper wird.

C. Methoden zur Bestimmung der Wärmeleitfähigkeit

Beim _absoluten_ Plattenverfahren schickt man einen in seiner Größe bekannten Wärmestrom, den man beispielsweise in einer Heizplatte erzeugt, durch den zu untersuchenden Stoff hindurch. An den Begrenzungsflächen des Versuchsmaterials mißt man irgendwie die Temperatur, meistens durch Thermoelemente. Aus dem bekannten Wärmestrom und der Temperaturdifferenz ergibt sich der Wärmewiderstand des untersuchten Stoffes anhand des im Anhang angeführten Ohmschen Gesetzes der Wärme. Berücksichtigt man nun noch die räumlichen Abmessungen des Versuchskörpers, so erhält man die für den betreffenden Stoff charakteristische, von den äußeren Abmessungen unabhängige Wärmeleitzahl λ. Diese Leitzahl λ ist das Objekt aller Untersuchungen über Wärmeleitfähigkeit, da die räumlichen Abmessungen von Fall zu Fall verschieden sind. Anstatt wie beim vorher angeführten absoluten Plattenverfahren den bekannten Wärmestrom vorauszusetzen, kann man vor die zu untersuchende Platte eine zweite Platte mit bekannter Leitzahl λ anordnen. Wenn dann an Ober- und Unterseite dieser Platte ebenfalls die Temperatur gemessen wird, kann man aus den Abmessungen der beiden Platten und dem Temperaturgefälle an der bekannten Platte die Wärmeleitzahl λ der unbekannten Platte errechnen. In diesem Falle spricht man vom _relativen_ Plattenverfahren. Außer diesen stationären Verfahren existieren noch eine Reihe nichtstationärer Verfahren, bei denen die übergegangene Wärme meist kalorimetrisch gemessen wird. Die stationären Verfahren sind genauer als die nichtstationären.

Forschungsberichte des Wirtschafts- und Verkehrsministeriums Nordrhein-Westfalen

D. Eine Methode zur Bestimmung der Wärmeleitfähigkeit von Lack- und Anstrichfilmen

Je nach dem zu untersuchenden Material sind die oben angeführten Meßprinzipien in verschiedener Weise experimentell realisiert worden. Im Fall der Untersuchung der Leitfähigkeit von Lacken begegnen wir der Tatsache, daß Lackfilme unter normalen Bedingungen nur eine Dicke von 10 bis 100 μ haben. Also müssen auch wir an solchen dünnen Schichten unsere Messungen ausführen, da es unmöglich ist, eine etwa 1 cm starke homogene Lackschicht herzustellen. Wenn man wie z.B. bei der Untersuchung der Wärmeleitfähigkeit an Kunststoffen, Stücke beliebiger Dicke zur Verfügung hat, mißt man die Temperaturen an Wärmeeintritts- und austrittsfläche entweder durch Thermoelemente, die in dünne Kanäle in der Oberfläche eingelassen sind, oder man verbindet Fläche und Thermoelement durch eine dünne Schicht einer Paste, deren Wärmeleitfähigkeit bekannt ist und die am Kunststoff gut anliegt, oder man mißt mit Thermoelementen, die an die Fläche angepreßt werden. Diese Möglichkeiten scheiden bei der Untersuchung dünner Lackfilme aus, da einmal die Tiefe der besagten Kanäle in der Größenordnung der Filmdicke liegt, da ferner der Wärmewiderstand der besagten Pasten bedeutend größer ist als derjenige des Lackfilms, wodurch eine Messung ungenau werden würde, und da außerdem manche Lacke unter Druck nachgeben.

Bei der von uns ausgearbeiteten Methode wird folgendermaßen vorgegangen:

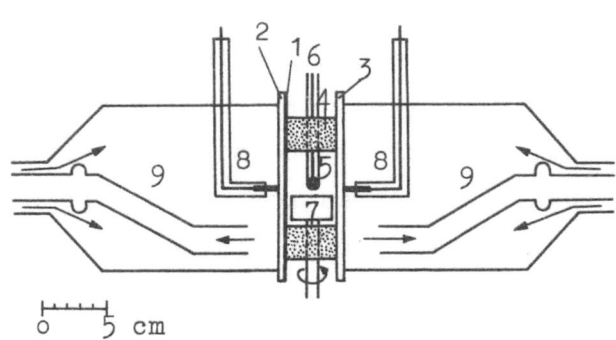

A b b i l d u n g   1

Apparatur zur Messung der Wärmeleitfähigkeit von Anstrichen
(mit Ausnahme der Blech- und Lackfilmdicken maßstabsgetreu,
Bezifferung im Text erklärt)

Ein etwa 100 μ starker Film (1) des zu untersuchenden Lackes wird auf 2 mm dickes Aluminium- oder Kupferblech (2) von 15 x 15 cm aufgespritzt. Dieses so lackierte Blech wird auf 4 cm Abstand einem unlackierten Blech gleicher Beschaffenheit (3) gegenübergestellt. Zwischen den Blechen wird durch einen etwa 2,5 cm breiten Korkring (4) eine Kammer von 6 cm Durchmesser (5) gegen die Außenluft abgetrennt. In die Kammer hinein ragt ein empfindliches Quecksilberthermometer (6) und ein Blattrührer (7). Das linke Blech wird mit Wasser der Temperatur T_1, das rechte mit T_2 bespült (aus Thermostaten gespeist). Es soll nun gezeigt werden, daß die mit dem inneren Thermometer gemessene Temperatur direkt ein Maß für die Wärmeleitzahl λ ist.

Für den gesamten Wärmeübergang von T_1 nach T_2 ist zweimal der Wärmewiderstand des Blechs, dann der Widerstand der Innenkammer und die Hauptsache, der Widerstand des Lackes, zu betrachten. Die Widerstände des Blechs sind relativ so gering, daß sie vernachlässigt werden können. Durch Kleinhalten des Kammerwiderstandes wird eine hohe Meßempfindlichkeit erzielt. Diese wächst, je größer das Verhältnis von Lackwiderstand zu Kammerwiderstand wird. Den größten Widerstand ergibt Luft als Füllung. Weiter kommt als Füllstoff Quecksilber und Bleischrot in Frage. In diesen beiden Fällen wird ohne Rührer gearbeitet. Den geringsten Widerstand und zugleich die angenehmsten Arbeitsbedingungen bietet Wasser als Füllstoff, wenn für intensive Umrührung gesorgt wird. Bei unserer Methode wurde mit Wasserfüllung gearbeitet. Der als Zweiblattexhaustor ausgebildete Rührer lief mit etwa 1000 U/min. Die Lage des Thermometers in der Innenkammer ist nicht sehr kritisch, da infolge der heftigen Umrührung der ganze Kammerinhalt die gleiche Temperatur hat. Nur unmittelbar an den Blechen sind starke Wärmegefälle.

Die Dauer einer Messung beträgt 10 Minuten. Die Temperaturen T_1 und T_2 werden mittels Kontaktthermoelementen (8), die von oben in die Wasserkolben (9) eingeführt und an die Platten angedrückt werden und deren Spannung mit einer Kompensationsschaltung bestimmt wird, gemessen. Eine Messung zerfällt in 2 Teilmessungen, die nach je 5 Min. vorgenommen werden. Dabei ist einmal $T_1 > T_2$ und einmal $T_2 > T_1$. Dies ist notwendig, um den geringen Wärmeabfluß von der Innenkammer an die umgebende Luft eliminieren zu können.

Forschungsberichte des Wirtschafts- und Verkehrsministeriums Nordrhein-Westfalen

Zur Verwendung von Wasser als Füllstoff der Innenkammer ist noch folgendes zu sagen: Hierin unterscheidet sich die beschriebene Methode wesentlich von bisherigen Methoden. Die Gründe, die zur Verwendung von Wasser führen können, sind folgende: Turbulentes Wasser wie bei der beschriebenen Methode verwendet, hat ein gutes Wärmeleitungsvermögen. Dadurch wird der Wärmewiderstand der Innenkammer sehr klein und damit die Meßempfindlichkeit der Apparatur groß. Bei turbulentem Wasser besteht kein lineares Temperaturgefälle von einem Blech zum anderen, sondern infolge der starken und innigen Durchmischung des Innenkammerwassers hat man nur unmittelbar an den Blechen starke Wärmegefälle, sonst aber hat der ganze Kammerinhalt scheinbar dieselbe Temperatur, da jedes Temperaturmeßgerät an jeder Stelle in der Zeiteinheit gleich viele erwärmte und abgekühlte Tropfen einfängt und den Mittelwert aus ihnen allen anzeigt. Damit aber ist die Lage des Kammerthermometers nicht sehr kritisch. Das Arbeiten mit Wasser ist angenehmer als mit Quecksilber, da die bei Quecksilber nötige Sorgfaltspflicht wegfällt, ohne daß die mit Wasser erzielten Ergebnisse ungenauer als die mit Quecksilber erzielbaren wären. Bei Quecksilber muß, wenn nicht gerührt wird, außerdem beachtet werden, daß infolge der Temperaturunterschiede in einer Meßkammer auf alle Fälle örtliche Konvektionen in der Kammer entstehen, die wiederum das Ergebnis beeinträchtigen. Will man bei Quecksilber diese Erscheinung beseitigen, so muß einiger Aufwand getrieben werden, der bei der Wassermethode entfällt.

Es könnte geltend gemacht werden, daß die Wärmeleitfähigkeit des Lackfilms durch Wasseraufnahme während der 10 Min. dauernden Messung verändert werden könne. Daraufhin angestellte Messungen ergaben folgende Ergebnisse:

a) Alkydharzlack mittl. Ölgehaltes, aufgespritzt auf Glas, aufgetrocknet bei 65 % rel. Luftfeuchtigkeit, Trockenfilmdicke 50 μ, Trockenfilmgewicht 0,3706 g. Nach 10 Min. Wässerung in destilliertem Wasser von 20°C Gewichtszunahme 0,0014 g = 0,38 %.

b) Alkydharzlack wie oben, 1:1 pigmentiert mit TiO_2 Rutil, aufgespritzt auf Glas, aufgetrocknet bei 65 % rel. Luftfeuchtigkeit, Trockenfilmdicke 40 μ, Trockenfilmgewicht 0,3116 g. Nach 10 Min. Wässerung Gewichtszunahme 0,0012 g = 0,39 %.

c) Azetylcellulose, freier Film, Trockenfilmdicke 150 μ, Trockenfilmgewicht 1,8073 g. Nach 10 Min. Wässerung Gewichtszunahme 0,0127 g = 0,7 %.

d) Azetylcellulose, pigmentiert mit Fe_2O_3 1:1, freier Film, Trockenfilmdicke 60 μ, Trockenfilmgewicht 0,5030 g. Nach 10 Min. Wässerung Gewichtszunahme 0,0031 g = 0,62 %.

Da die Wärmeleitfähigkeit gut leitender Lacke etwa gleich ist der Wärmeleitfähigkeit von Wasser, hat die an sich sehr geringe Wasseraufnahme in den 10 Min. der Messung auf das Ergebnis der Messungen einen nur unbedeutenden Einfluß, der auch bei schlecht leitenden Lacken höchstens 0,5 bis 1 % im Ergebnis ausmacht.

Die beiden Grenzfälle für die Messungen sind: a) Lackwiderstand unendlich groß: Dann ist $T_m = T_1$, oder b) Lackwiderstand praktisch = 0: Dann ist $T_m = (T_1 - T_2)/2$. Die Zuordnung der gemessenen Mitteltemperatur T_m zur Wärmeleitzahl λ geschieht folgendermaßen: Die Wärmewiderstände der Bleche werden vernachlässigt. Es bleiben die Widerstände von Innenkammer und Lack. Diese beiden zusammen stellen den Gesamtwärmewiderstand zwischen T_1 und T_2 dar. Längs dieses Widerstandes fällt die Temperatur von T_1 auf T_2 ab. Die Meßstelle T_m liegt nun genau in der Mitte des Widerstandes der Innenkammer, der mit R_i bezeichnet werden soll. Wie aus folgender Abbildung 2

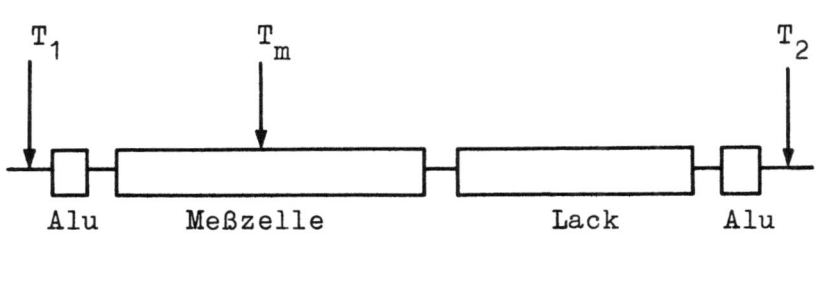

$$\frac{T_2 - T_m}{T_m - T_1} \text{ ist Maß für } \lambda_{Lack}$$

Abbildung 2

leicht abzulesen ist, ergibt sich der Lackwiderstand zu

$$R_L = \frac{R_i}{2} \left(\frac{T_m - T_2}{T_1 - T_m} - 1 \right)$$

Wie im Anhang ausgeführt wird, ist $R_L = \dfrac{d}{\lambda \cdot F}$

$$\text{oder} \quad \lambda = \dfrac{d}{R_L \cdot F}$$

Der zur Angabe von R_L noch notwendige Kammerwiderstand R_i wird aus Messungen gewonnen, bei denen das den Lack tragende Blech mit einem Stoff schon bekannter Wärmeleitfähigkeit belegt wird oder man ersetzt das Blech durch eine Platte eines Stoffes bekannter Wärmeleitfähigkeit. Bei der vorliegenden Arbeit wurde als Eichmaterial Bitumenlack und Plexigum benutzt.

Es ist die Vermutung geäußert worden, daß bei der beschriebenen Methode die Übergangswiderstände zwischen Blech und Lack unerlaubterweise vernachlässigt worden seien. Dieser Einwand bestünde dann zu Recht, wenn das zu untersuchende Material ein guter Wärmeleiter wäre, also ein Metall. Dann nämlich könnten kleinste Einschlüsse von Verunreinigungen an der Grenzfläche das Ergebnis stark verfälschen. Nun handelt es sich aber bei Lacken um ausgesprochene Wärmeisolatoren. Die Wärmeleitzahl der Verunreinigungen ist in der gleichen Größenordnung wie die des Lackes zu suchen. Der Dickenunterschied zwischen Verunreinigung und Lackfilm beträgt aber mehrere Größenordnungen. Also können diese Verunreinigungen außer Betracht bleiben. Es wurde zur Untersuchung der Berechtigung einer solchen Schlußweise eine Serie von 5 verschiedenen Schichtdicken eines Lackes, zwischen 75 und 150 μ, angesetzt. Es ergab sich für die Wärmeleitzahl λ innerhalb der Fehlergrenzen des Versuchs von 3 % keine Abhängigkeit von der Schichtdicke; also kann der Übergangswiderstand Metall-Lack außer Betracht bleiben. Des weiteren könnte beanstandet werden, es sei die in der Innenkammer noch auftretende Wärmestrahlung vergessen worden. Bei der gewählten Anordnung sind jedoch die Größen λ/d (die auf die Filmdicke 1 cm reduzierte Wärmeleitzahl) und α_K (s. Anhang) um mehrere Größenordnungen größer als α_S (s. Anhang). Demnach braucht die Wärmestrahlung in unserem Falle nicht berücksichtigt zu werden.

E. Meßergebnisse, Deutung

Es wurde eine Reihe von Klarlacken untersucht. Zwei dieser Klarlacke wurden verschieden pigmentiert und auch die Pigmentkonzentration verändert. Die Lackfilme wurden auf die Aluminiumbleche aufgespritzt und bei einer mittleren relativen Luftfeuchtigkeit von 50 - 60 % mehrere Tage lang getrocknet. Die Trockenfilmdicke bewegte sich zwischen 50 und 200 μ. Die Zusammensetzung der benutzten Lacke ist im Anhang angegeben. Die erzielten Meßergebnisse sind in Abbildung 3 graphisch dargestellt. Dabei ist

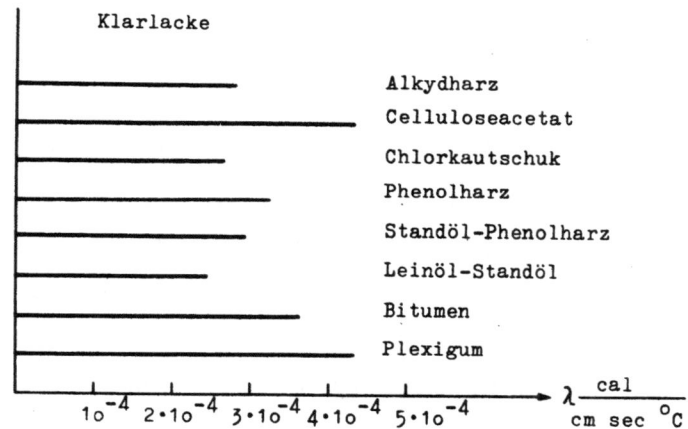

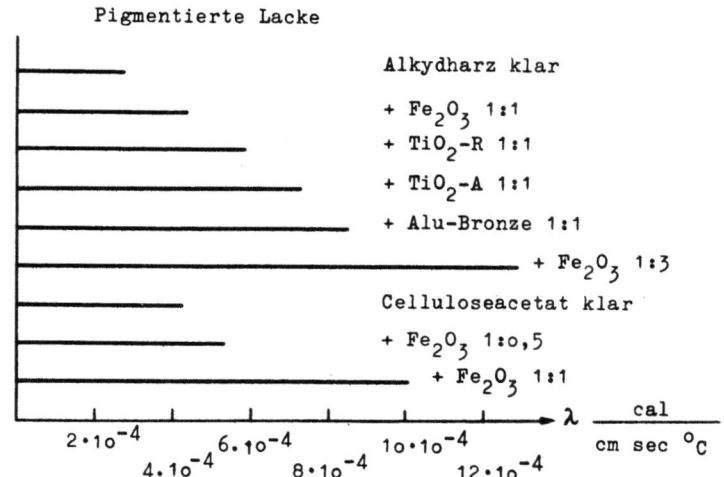

Abbildung 3

Wärmeleitfähigkeit von Klarlacken und pigmentierten Lacken
(man beachte den verschiedenen Maßstab für Klarlacke und
pigmentierte Lacke)

auf der Ordinate des Diagramms die jeweilige Wärmeleitzahl des betreffenden Lackes abgetragen. Man erkennt, daß die Wärmeleitzahlen der verschiedenen Klarlacke nicht sehr verschieden voneinander sind. Interessant ist aber der Einfluß der Pigmente. Bei Pigmentierung 1:1 hat man die beste Leitfähigkeit beim spezifisch leichtesten Aluminium, die schlechteste beim spezifisch schwersten Eisenoxyd. Man kann das so deuten, daß man sich klarmacht, daß im Volumen Lack bei gleicher Pigmentkonzentration volumenmäßig desto mehr Pigment anwesend ist, je leichter das Pigment ist. Natürlich leitet Aluminium auch besser als Eisenoxyd. Aber das eben Gesagte findet Bestätigung bei TiO_2. Anatas hat praktisch gleiche Leitfähigkeit wie Aluminium, ist aber spezifisch schwerer. Dem entspricht die bessere Leitfähigkeit der Aluminiumbronze. Der Unterschied zwischen rutil- und anataspigmentiertem Lack rührt bei vergleichbaren Dichten beider Pigmente von der dreifach besseren Leitfähigkeit des reinen Anatas her. Von Bedeutung ist außer dem spezifischen Gewicht und der Wärmeleitfähigkeit des trockenen Pigments auch die geometrische Form der Pigmentteilchen. Aluminiumbronze liegt blättchenförmig vor. Es wäre interessant, die Lage der Aluminiumblättchen im Lack künstlich zu beeinflussen und die Wärmeleitfähigkeit des pigmentierten Lackes in Abhängigkeit von der Orientierungsrichtung der Aluminiumblättchen zu untersuchen. Die Spanne zwischen dem best- und schlechtestleitenden Lack innerhalb der von uns untersuchten Lacke beträgt über 1:5. Dies ist sicherlich nicht die größte überhaupt erzielbare Spanne. Nach der Seite schlechter Leitfähigkeit wäre zu untersuchen, wie sich schaumige Lacküberzüge verhalten, also solche, bei denen Lufteinschlüsse künstlich im Lack hergestellt werden. Nach der Seite guter Wärmeleitfähigkeit wird die Leitfähigkeit desto besser, je höhere Pigmentkonzentrationen angewendet werden. Am günstigsten dürften sich hier metallische Pigmente verhalten, vor allem, wenn es gelingt, sie künstlich zu orientieren.

F. Quantitative Aussagen über den Einfluß der Wärmeleitfähigkeit

In Kapitel B wurde schon erwähnt, daß der Einfluß der Wärmeleitfähigkeit von Lackfilmen auf Wärmeübergangsvorgänge vom Verhältnis des Wärmeleitungswiderstandes des Lackes zur Summe aller beim betreffenden Wärmeübergangsvorgang auftretender Wärmewiderstände abhängt. In fast allen Fällen sind die in der Praxis vorkommenden Wärmeübergangsvorgänge Aufeinanderfolgen verschiedener Einzelvorgänge. Man wird daher bei der Überlegung, ob die Wärmeleitfähigkeit eines Lackes bei einem speziellen Problem eine Rolle spielt, zunächst die Wärmewiderstände der Einzelvorgänge berechnen, aus denen sich der Gesamtvorgang zusammensetzt. Die hierfür notwendigen Daten für Wärmeleitung, -konvektion und -strahlung findet man in Tabellenwerken[1]. Die sonst noch benötigten Zahlengrößen sind

---
[1] Siehe Seite 53.

lediglich Apparaturabmessungen und Temperaturdifferenzen. Man bildet dann das Verhältnis zwischen dem Lackwiderstand bei der gewünschten Lackfilmdicke und der Summe aller Widerstände, wobei bei der Berechnung des Lackwiderstandes für die Wärmeleitzahl einmal ein hoher Wert entsprechend dem bestleitenden zur Verfügung stehenden Lack eingesetzt wird, und einmal ein geringer Wert für einen schlecht leitenden Lack. Man erhält dann eine Angabe, um wieviel % der Gesamtwärmeübergang beeinflußt werden kann durch geeignete Wahl eines Lackes.

Es folgen einige Beispiele, die die Bedeutung der Wärmeleitfähigkeit von Lacküberzügen zeigen.

1. Röhrenkühler im Luftstrom (Röhrendurchmesser 1 cm). Der Gesamtwärmeübergang setzt sich aus 2 Teilvorgängen zusammen: Leitungsvorgang durch Rohrwand und Lack sowie Konvektionsvorgang an Luft. Der Widerstand der metallischen Rohrwand kann gegen den des Lackes vernachlässigt werden. Es sei angenommen, der Luftstrom habe eine Geschwindigkeit von 20 m/sec = 72 km/h. Dann beträgt das Verhältnis von Lackwiderstand zum Gesamtwiderstand 1 : 9,2, falls der Lack eine Wärmeleitzahl von $\lambda_1 = 3\cdot 10^{-4} \frac{cal}{cm\cdot sec\cdot °C}$ 100 beträgt. Wird nun statt dessen ein besser leitender Lack mit der Leitzahl $\lambda_2 = 9\cdot 10^{-4} \frac{cal}{cm\cdot sec\cdot °C}$ benützt, dann steigert sich der Gesamtwärmeübergang um 8 %. In Abbildung 4 ist der erzielte Gewinn in Abhängigkeit von der Luftstromgeschwindigkeit dargestellt, wobei also Lackfilmdicke 100 μ und die Wärmeleitzahlen λ_1 und λ_2 vorausgesetzt werden. Die Angaben für Wärmeübergang durch Konvektion sind aus der Literatur entnommen[2]. Man sieht, daß bei steigender Geschwindigkeit der Einfluß der Wärmeleitfähigkeit des Lackes immer größer wird, weil dann das Verhältnis Lack- zu Gesamtwiderstand immer größer wird, da mit wachsender Geschwindigkeit der Konvektionswiderstand immer weiter sinkt.

2. Röhrenkühler in stehender Luft. Das Verhältnis Lack- zu Gesamtwiderstand beträgt 1 : 99. In diesem Fall spielt die Wärmeleitfähigkeit des Lackes keine Rolle, da der Übergangswiderstand bei Eigenkonvektion sehr groß ist.

---

[1] ULLMANN, Encyklopädie der Technischen Chemie, Band 1.
D'ANS-LAX, Taschenbuch für Chemiker und Physiker u.a.

[2] ULLMANN, loc.cit.

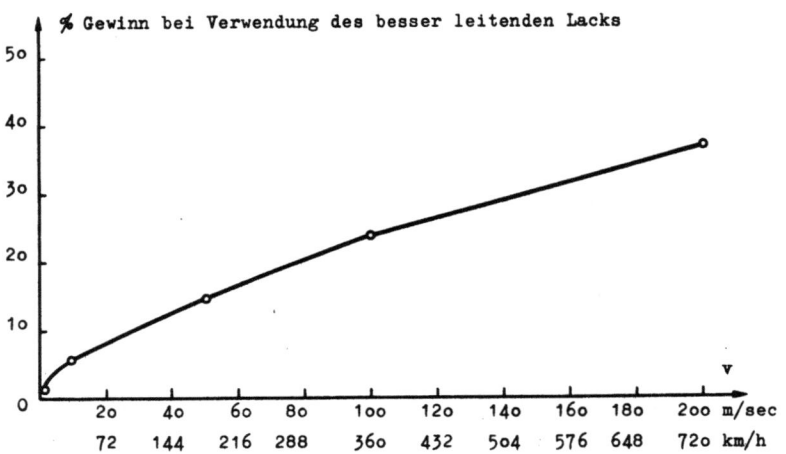

Abbildung 4
Diagramm 1 (Erläuterung s. Kap. F)

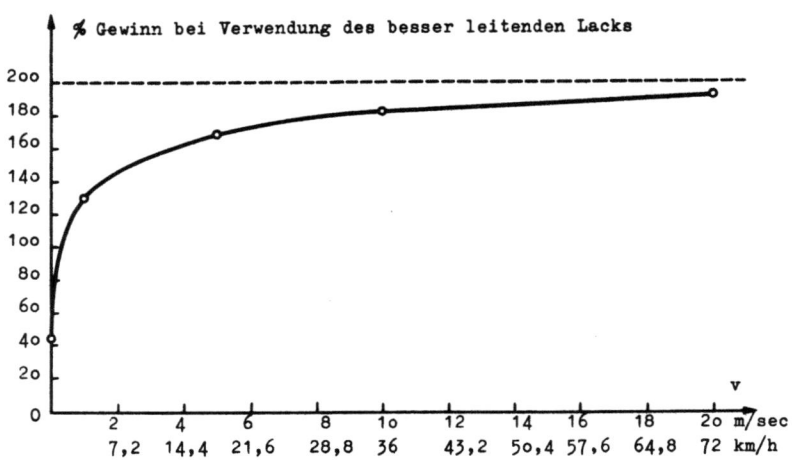

Abbildung 5
Diagramm 2 (Erläuterung s. Kap. F)

3. Röhrenkühler in stehendem Wasser. Das Verhältnis Lack- zu Gesamtwiderstand beträgt 1 : 2,23, dem entspricht ein Gewinn von 45 % bei Verwendung des besser leitenden Lackes.

4. Röhrenkühler in Flüssigkeitsströmung. Das Ergebnis ist in Abbildung 5 dargestellt.

Es wurden wieder 2 Lacke mit λ_1 und λ_2-Werten wie oben angegeben und einer Schichtdicke von 100 μ vorausgesetzt. Im speziellen Fall v = 5 m/sec = 18 km/h beträgt das Verhältnis Lack- zu Gesamtwiderstand 1 : 1,072. Hier ist also der Leitungswiderstand im Lack sehr wichtig.

5. Lackierter Transformatordraht in Öl. Setzt man wieder gleiche Lackierungen wie zuvor voraus, so nimmt das Öl beim besser leitenden Lack 20 % mehr Wärme auf, ganz abgesehen davon, daß bei Transformatoren der reine Leitungsmechanismus von Windung zu Windung die größte Rolle spielt, wobei dann die Wärmeleitfähigkeit des Lackes ausschlaggebend ist für den Wärmeabfluß aus dem Innern des Transformators.

6. Eine mit dem gut leitenden Lack überzogene Konservendose braucht zur Erreichung der Sterilisationstemperatur unter sonst gleichen Bedingungen eine je nach Inhalt von 3 bis 30 % kürzere Zeit als eine mit dem schlechter leitenden Lack überzogene Dose.

Weiterhin spielt die Wärmeleitfähigkeit des Lackes überall dort eine wichtige Rolle, wo reine Leitungsvorgänge vorkommen. So empfindet man z.B. die Berührung mit metallischen Ausrüstungsgegenständen, Beschlägen usw. als sehr unangenehm, wenn diese Temperaturen um $0^{\circ}C$ haben, etwa in den öffentlichen Verkehrsmitteln. Überzug mit einem schlecht leitenden Lack verzögert den Wärmeübergang, man empfindet die Berührung dann nicht mehr als Schreck.

G. Zusammenfassung

Es wird eine Methode angegeben, mit der sich die Wärmeleitfähigkeit von Anstrichen bei Filmdicken, wie sie in der Praxis vorkommen, untersuchen läßt. Die Anstriche können zur Untersuchung auf allen metallischen oder sonst gut leitenden Trägern, auch Glas, aufgebracht sein. Ebenso kann die Wärmeleitfähigkeit des gesamten Systems Anstrich-Untergrund untersucht werden, sofern der Untergrund nicht porös ist. Die Anstrichfilme werden mechanisch nicht beansprucht oder verletzt.

Die Wärmeleitfähigkeit von Anstrichen spielt überall dort eine Rolle, wo man es mit reinen Wärmeleitungsvorgängen zu tun hat, ferner dort, wo Wärme an ruhende oder bewegte Flüssigkeiten oder an bewegte Luft übergeht.

Herr Glasbläsermeister AMENDE hat die glastechnischen Arbeiten ausgeführt und dabei manche wertvolle Anregung gegeben.

H. Anhang

1. Einige quantitative Zusammenhänge und das Ohmsche Gesetz der Wärme

Die bei Wärmeübergangsproblemen letztlich interessierende Größe ist der in der Zeiteinheit fließende Wärmestrom, gemessen in cal/sec, wenn wir für alle folgenden Überlegungen im physikalischen Maßsystem bleiben wollen (im technischen Maßsystem müßte kcal/h stehen). Der Wärmestrom ist direkt proportional der Temperaturdifferenz an den Rändern des Wärmeaustauschsystems, die der eigentliche Anlaß der Wärmewanderung ist, und umgekehrt proportional dem Wärmeübergangswiderstand. Also

$$Q = \frac{1}{R} \cdot (T_2 - T_1) \text{ cal/sec}$$

Diese Grundgleichung gilt für Wärmeleitung, Wärmekonvektion und Wärmestrahlung. Sie wird in Anlehnung an das Ohmsche Gesetz der Elektrizitätslehre, das denselben Aufbau hat, auch Ohmsches Gesetz der Wärme genannt. Dem elektrischen Strom, gemessen in Ampere, entspricht hier der Wärmestrom in cal/sec, der elektrischen Spannung (Volt) entspricht das Temperaturgefälle ($^\circ$C) und dem Ohmschen Widerstand der Wärmewiderstand. Die Größe $1/R$ entspricht einer Leitfähigkeit. Es ist $1/R = L$. Also auch

$$Q = L \ (T_2 - T_1) \text{ cal/sec}$$

Im Fall der Wärmeleitung ist $L = \frac{\lambda F}{d}$, im Fall der Wärmestrahlung $L = \alpha_S \cdot F$, im Fall der Konvektion $L = \alpha_K \cdot F$. Die hier eingeführte Wärmeleitzahl λ ist die Maßzahl dafür, wieviele cal in der Zeiteinheit zwischen 2 Flächen von je 1 cm^2 in der Entfernung 1 cm fließen, wenn zwischen ihnen eine Temperaturdifferenz von 1 $^\circ$C aufrechterhalten wird. Die Strahlungszahl α_S besagte dasselbe, nur daß hier wie auch bei der Konvektionszahl α_K die Beschränkung auf die Entfernung 1 cm entfällt. F ist die Fläche, an der oder durch die Wärme übergeht, d ist die Schichtdicke bei Leitungsvorgängen. Geht Wärme von einem System auf ein anderes über, wobei mehrere Wärmeübergangsvorgänge auftreten, so addieren sich die Übergangswiderstände und nicht die Leitfähigkeiten.

2. Zusammensetzung der Lacke

a) Klarlacke

1) <u>Alkydharzlack</u>: 214 Gewichtsteile Alkydharz mittl. Ölgehalts, 201 Teile Testbenzin, 42,5 Teile Terpentin, 21,0 Teile Dipenten, 21,0 Teile Xylol. 2) <u>Phenolharzlack</u>: 200 g eines 70 %igen plastifizierten härtbaren Phenolharzes und 40 g eines Lösungsmittelgemisches aus 30 Teilen Toluol, 30 T. Alkohol, 20 T. Essigester, 15 T. Butylazetat, 5 T. Äthylglykol. 3) <u>Chlorkautschuklack</u>: 42 Teile Pergut S 40, 160 T. Verdünnung, 20 T. Clophen A 60, 5 T. Sintol T, 5 T. Desavin, Lösungsmittelgemisch aus 150 Teilen Xylol, 10 T. Butanol, 30 T. Butylacetat, 10 T. Äthylglykol. 4) <u>Standöl-Phenolharzlack</u>: 200 Teile Leinöl-Standöl, 200 T. mod. Phenolharz, 266,4 T. Lösungsmittelgemisch aus 80 T. Testbenzin und 20 T. Terpentin. 5) <u>Celluloseacetat-Kombinationslack</u>: 20 %ige Lösung von 100 Teilen Weichharz MM und 100 T. Celluloseacetat in 10 T. Anon, 20 T. Butylacetat, 20 T. Aceton, 50 T. Methylenchlorid. 6) <u>Leinöl-Standöl</u> 45 Poise: in Lösungsmittelgemisch aus Testbenzin und Terpentin.

b) Pigmentierte Lacke

1) <u>Alkydharzgruppe</u>: Pigmentierungen 1:1 Eisenoxydrot 130 F, 1:1 Titandioxyd Rutil, 1:1 Titandioxyd Anatas, 1:1 Aluminiumbronze, 1:3 Eisenoxydrot 130 F. 2) <u>Celluloseacetatgruppe</u>: Pigmentierungen 1:0,5 Eisenoxydrot 130 F, 1:1 Eisenoxydrot 130 F.

3. Zur Frage der Wärmeübergangswiderstände

Bei den vorherigen Ausführungen blieben die Wärmeübergangswiderstände (vom Wasser der Temperatur T_1 nach dem Wasser der Temperatur T_2 hin gerechnet) Thermostatenwasser T_1 - Blech, Blech - Lack, Lack - Wasser der Innekammer, Wasser der Innenkammer - Blech und Blech - Thermostatenwasser T_2 außer Betracht. Diese brauchen aus folgenden Gründen nicht berücksichtigt werden: Die Übergangswiderstände vom Thermostatenwasser zu den Blechen können unbeachtet bleiben, weil die Temperaturen T_1 und T_2 mittels der Kontaktthermoelemente direkt an den Platten gemessen werden (direkter Wärmekontakt durch Berührung). (Es ist aber auch möglich, anstelle der Kontaktthermoelemente Quecksilberkontaktthermometer oder Widerstandsthermometer mit direktem Kontakt oder im Wasserstrom zu verwenden. Verwendet man aber keine Kontaktinstrumente, so muß der Übergangswiderstand zwischen dem Thermostatenwasser und den Blechen durch eine besondere Eichung bestimmt werden. Die Verwendung von Thermoelementen und Widerstandsthermometern verursacht einen ziemlichen Aufwand an elektrischem Gerät, da, wie schon erwähnt, aufwendige Kompensationsschaltungen benützt werden müssen. Da eine Meßgenauigkeit von 3 % aber bei Serienmessungen ausreicht, kommt man am einfachsten mit Quecksilberkontaktthermometern zum Ziel.)

Zum Übergangswiderstand Blech - Lack wird auf Seite 50 dieser Arbeit Stellung genommen. Es bleiben noch die Übergangswiderstände vom Wasser der Innenkammer einmal zum Lack und einmal zum Blech. Der letztere (zum Blech) wird durch die Eichung der Apparatur bereits mit erfaßt und erscheint mit in dem Widerstandswert der Innenkammer. Der erstere (zum Lack) erscheint ebenfalls mit in dem Widerstandswert der Innenkammer, aber bezogen auf den Eichlack. Es bleibt die Frage, ob dieser Übergangswiderstand sich vom Lack zu Lack stark oder auch nur merklich ändert, und ob er überhaupt größenordnungsmäßig ins Gewicht fällt, bezogen auf Kammer- und Lackwiderstand. Zieht man zur Beurteilung dieser Frage die auf Seite 50 über den Übergangswiderstand Blech - Lack angeführten Versuchsergebnisse mit heran, so zeigt sich, daß diese in Frage stehenden Übergangswiderstände gegenüber Kammer- und Lackwiderstand so klein sind, daß sie vernachlässigt werden können, sonst müßte bei den erwähnten Versuchen die Wärmeleitzahl scheinbar desto größer werden, an je größeren Schichtdicken sie gemessen wird. Das ist aber nicht der Fall.

Prof. Dr. Karl HAMANN, Stuttgart
Dipl.-Phys. Gerhard FUCHSLOCHER, Stuttgart
Dipl.-Chem. Werner FUNKE, Stuttgart

FORSCHUNGSBERICHTE
DES WIRTSCHAFTS- UND VERKEHRSMINISTERIUMS
NORDRHEIN-WESTFALEN

Herausgegeben von Staatssekretär Prof. Leo Brandt

Heft 1:
Prof. Dr.-Ing. E. Flegler, Aachen
Untersuchungen oxydischer Ferromagnet-Werkstoffe

Heft 2:
Prof. Dr. W. Fuchs, Aachen
Untersuchungen über absatzfreie Teeröle

Heft 3:
Techn.-Wissenschaftl. Büro für die Bastfaserindustrie, Bielefeld
Untersuchungsarbeiten zur Verbesserung des Leinenwebstuhls

Heft 4:
Prof. Dr. E. A. Müller und Dipl.-Ing. H. Spitzer, Dortmund
Untersuchungen über die Hitzebelastung in Hüttenbetrieben

Heft 5:
Dipl.-Ing. W. Fister, Aachen
Prüfstand der Turbinenuntersuchungen

Heft 6:
Prof. Dr. W. Fuchs, Aachen
Untersuchungen über die Zusammensetzung und Verwendbarkeit von Schwelteerfraktionen

Heft 7:
Prof. Dr. W. Fuchs, Aachen
Untersuchungen über emsländisches Petrolatum

Heft 8:
M. E. Meffert und H. Stratmann, Essen
Algen-Großkulturen im Sommer 1951

Heft 9:
Techn.-Wissenschaftl. Büro für die Bastfaserindustrie, Bielefeld
Untersuchungen über die zweckmäßige Wicklungsart von Leinengarnkreuzspulen unter Berücksichtigung der Anwendung hoher Geschwindigkeiten des Garnes
Vorversuche für Zetteln und Schären von Leinengarnen auf Hochleistungsmaschinen

Heft 10:
Prof. Dr. W. Vogel, Köln
„Das Streifenpaar" als neues System zur mechanischen Vergrößerung kleiner Verschiebungen und seine technischen Anwendungsmöglichkeiten

Heft 11:
Laboratorium für Werkzeugmaschinen und Betriebslehre, Technische Hochschule Aachen
1. Untersuchungen über Metallbearbeitung im Fräsvorgang mit Hartmetallwerkzeugen und negativem Spanwinkel
2. Weiterentwicklung des Schleifverfahrens für die Herstellung von Präzisionswerkstücken unter Vermeidung hoher Temperaturen
3. Untersuchung von Oberflächenveredlungsverfahren zur Steigerung der Belastbarkeit hochbeanspruchter Bauteile

Heft 12:
Elektrowärme-Institut, Langenberg (Rhld.)
Induktive Erwärmung mit Netzfrequenz

Heft 13:
Techn.-Wissenschaftl. Büro für die Bastfaserindustrie, Bielefeld
Das Naßspinnen von Bastfasergarnen mit chemischen Zusätzen zum Spinnbad

Heft 14:
Forschungsstelle für Acetylen, Dortmund
Untersuchungen über Aceton als Lösungsmittel für Acetylen

Heft 15:
Wäschereiforschung Krefeld
Trocknen von Wäschestoffen

Heft 16:
Max-Planck-Institut für Kohlenforschung, Mülheim a. d. Ruhr
Arbeiten des MPI für Kohlenforschung

Heft 17:
Ingenieurbüro Herbert Stein, M. Gladbach
Untersuchung der Verzugsvorgänge in den Streckwerken verschiedener Spinnereimaschinen. 1. Bericht: Vergleichende Prüfung mit verschiedenen Dickenmeßgeräten

Heft 18:
Wäschereiforschung Krefeld
Grundlagen zur Erfassung der chemischen Schädigung beim Waschen

Heft 19:
Techn.-Wissenschaftl. Büro für die Bastfaserindustrie, Bielefeld
Die Auswirkung des Schlichtens von Leinengarnketten auf den Verarbeitungswirkungsgrad, sowie die Festigkeit und Dehnungsverhältnisse der Garne und Gewebe

Heft 20:
Techn.-Wissenschaftl. Büro für die Bastfaserindustrie, Bielefeld
Trocknung von Leinengarnen I
Vorgang und Einwirkung auf die Garnqualität

Heft 21:
Techn.-Wissenschaftl. Büro für die Bastfaserindustrie, Bielefeld
Trocknung von Leinengarnen II
Spulenanordnung und Luftführung beim Trocknen von Kreuzspulen

Heft 22:
Techn.-Wissenschaftl. Büro für die Bastfaserindustrie, Bielefeld
Die Reparaturanfälligkeit von Webstühlen

Heft 23:
Institut für Starkstromtechnik, Aachen
Rechnerische und experimentelle Untersuchungen zur Kenntnis der Metadyne als Umformer von konstanter Spannung auf konstanten Strom

Heft 24:
Institut für Starkstromtechnik, Aachen
Vergleich verschiedener Generator-Metadyne-Schaltungen in bezug auf statisches Verhalten

Heft 25:
Gesellschaft für Kohlentechnik mbH., Dortmund-Eving
Struktur der Steinkohlen und Steinkohlen-Kokse

Heft 26:
Techn.-Wissenschaftl. Büro für die Bastfaserindustrie, Bielefeld
Vergleichende Untersuchungen zweier neuzeitlicher Ungleichmäßigkeitsprüfer für Bänder und Garne hinsichtlich ihrer Eignung für die Bastfaserspinnerei

Heft 27:
Prof. Dr. E. Schratz, Münster
Untersuchungen zur Rentabilität des Arzneipflanzenanbaues
Römische Kamille, Anthemis nobilis L.

Heft 28:
Prof. Dr. E. Schratz, Münster
Calendula officinalis L. Studien zur Ernährung, Blütenfüllung und Rentabilität der Drogengewinnung

Heft 29:
Techn.-Wissenschaftl. Büro für die Bastfaserindustrie, Bielefeld
Die Ausnützung der Leinengarne in Geweben

Heft 30:
Gesellschaft für Kohlentechnik mbH., Dortmung-Eving
Kombinierte Entaschung und Verschwelung von Steinkohle; Aufarbeitung von Steinkohlenschlämmen zu verkokbarer oder verschwelbarer Kohle

Heft 31:
Dipl.-Ing. Störmann, Essen
Messung des Leistungsbedarfs von Doppelsteg-Kettenförderern

Heft 32:
Techn.-Wissenschaftl. Büro für die Bastfaserindustrie, Bielefeld
Der Einfluß der Natriumchloridbleiche auf Qualität und Verwebbarkeit von Leinengarnen und die Eigenschaften der Leinengewebe unter besonderer Berücksichtigung des Einsatzes von Schützen- und Spulenwechselautomaten in der Leinenweberei

Heft 33:
Kohlenstoffbiologische Forschungsstation e. V.
Eine Methode zur Bestimmung von Schwefeldioxyd und Schwefelwasserstoff in Rauchgasen und in der Atmosphäre

Heft 34:
Textilforschungsanstalt Krefeld
Quellungs- und Entquellungsvorgänge bei Faserstoffen

Heft 35:
Professor Dr. W. Kast, Krefeld
Feinstrukturuntersuchungen an künstlichen Zellulosefasern verschiedener Herstellungsverfahren

Heft 36:
Forschungsinstitut der feuerfesten Industrie, Bonn
Untersuchungen über die Trocknung von Rohton
Untersuchungen über die chemische Reinigung von Silika- und Schamotte-Rohstoffen mit chlorhaltigen Gasen

Heft 37:
Forschungsinstitut der feuerfesten Industrie, Bonn
Untersuchungen über den Einfluß der Probenvorbereitung auf die Kaltdruckfestigkeit feuerfester Steine

Heft 38:
Forschungsstelle für Acetylen, Dortmund
Untersuchungen über die Trocknung von Acetylen zur Herstellung von Dissousgas

Heft 39:
Forschungsgesellschaft Blechverarbeitung e. V., Düsseldorf
Untersuchungen an prägegemusterten und vorgelochten Blechen

Heft 40:
Landesgeologe Dr.-Ing. W. Wolff, Amt für Bodenforschung, Krefeld
Untersuchungen über die Anwendbarkeit geophysikalischer Verfahren zur Untersuchung von Spateisengängen im Siegerland

Heft 41:
Techn.-Wissenschaftl. Büro für die Bastfaserindustrie, Bielefeld
Untersuchungsarbeiten zur Verbesserung des Leinenwebstuhles II

Heft 42:
Professor Dr. B. Helferich, Bonn
Untersuchungen über Wirkstoffe — Fermente — in der Kartoffel und die Möglichkeit ihrer Verwendung

Heft 43:
Forschungsgesellschaft Blechverarbeitung e. V., Düsseldorf
Forschungsergebnisse über das Beizen von Blechen

Heft 44:
Arbeitsgemeinschaft für praktische Dehnungsmessung, Düsseldorf
Eigenschaften und Anwendungen von Dehnungsmeßstreifen

Heft 45:
Losenhausenwerk Düsseldorfer Maschinenbau AG., Düsseldorf
Untersuchungen von störenden Einflüssen auf die Lastgrenzenanzeige von Dauerschwingprüfmaschinen

Heft 46:
Prof. Dr. W. Fuchs, Aachen
Untersuchungen über die Aufbereitung von Wasser für die Dampferzeugung in Benson-Kesseln

Heft 47:
Prof. Dr.-Ing. K. Krekeler, Aachen
Versuche über die Anwendung der induktiven Erwärmung zum Sintern von hochschmelzenden Metallen sowie zur Anlegierung und Vergütung von aufgespritzten Metallschichten mit dem Grundwerkstoff

Heft 48:
Max-Planck-Institut für Eisenforschung, Düsseldorf
Spektrochemische Analyse der Gefügebestandteile in Stählen nach ihrer Isolierung

Heft 49:
Max-Planck-Institut für Eisenforschung, Düsseldorf
Untersuchungen über Ablauf der Desoxydation und die Bildung von Einschlüssen in Stählen

Heft 50:
Max-Planck-Institut für Eisenforschung, Düsseldorf
Flammenspektralanalytische Untersuchung der Ferritzusammensetzung in Stählen

Heft 51:
Verein zur Förderung von Forschungs- und Entwicklungsarbeiten in der Werkzeugindustrie e. V., Remscheid
Untersuchungen an Kreissägeblättern für Holz, Fehler- und Spannungsprüfverfahren

Heft 52:
Forschungsstelle für Azetylen, Dortmund
Untersuchungen über den Umsatz bei der explosiblen Zersetzung von Azetylen
 a) Zersetzung von gasförmigem Azetylen,
 b) Zersetzung von an Silikagel adsorbiertem Azetylen

Heft 53:
Professor Dr.-Ing. H. Opitz, Aachen
Reibwert- und Verschleißmessungen an Kunststoffgleitführungen für Werkzeugmaschinen

Heft 54:
Professor Dr.-Ing. F. A. F. Schmidt, Aachen
Schaffung von Grundlagen für die Erhöhung der spez. Leistung und Herabsetzung des spez. Brennstoffverbrauches bei Ottomotoren mit Teilbericht über Arbeiten an einem neuen Einspritzverfahren

Heft 55:
Forschungsgesellschaft Blechverarbeitung e. V., Düsseldorf
Chemisches Glänzen von Messing und Neusilber

Heft 56:
Forschungsgesellschaft Blechverarbeitung e. V., Düsseldorf
Untersuchungen über einige Probleme der Behandlung von Blechoberflächen

Heft 57:
Prof. Dr.-Ing. F. A. F. Schmidt, Aachen
Untersuchungen zur Erforschung des Einflusses des chemischen Aufbaues des Kraftstoffes auf sein Verhalten im Motor und in Brennkammern von Gasturbinen

Heft 58:
Gesellschaft für Kohlentechnik m. b. H., Dortmund
Herstellung und Untersuchung von Steinkohlenschwelteer

Heft 59:
Forschungsinstitut der Feuerfest-Industrie e. V., Bonn
Ein Schnellanalysenverfahren zur Bestimmung von Aluminiumoxyd, Eisenoxyd und Titanoxyd in feuerfestem Material mittels organischer Farbreagenzien auf photometrischem Wege
Untersuchungen des Alkali-Gehaltes feuerfester Stoffe mit dem Flammenphotometer nach Riehm-Lange

Heft 60:
Forschungsgesellschaft Blechverarbeitung e. V., Düsseldorf
Untersuchungen über das Spritzlackieren im elektrostatischen Hochspannungsfeld

Heft 61:
Verein zur Förderung von Forschungs- und Entwicklungsarbeiten in der Werkzeugindustrie e. V., Remscheid
Schwingungs- und Arbeitsverhalten von Kreissägeblättern für Holz

Heft 62:
Professor Dr. W. Franz, Institut für theoretische Physik der Universität Münster
Berechnung des elektrischen Durchschlags durch feste und flüssige Isolatoren

Heft 63:
Textilforschungsanstalt Krefeld
Neue Methoden zur Untersuchung der Wirkungsweise von Textilhilfsmitteln
Untersuchungen über Schlichtungs- und Entschlichtungsvorgänge

Heft 64:
Textilforschungsanstalt Krefeld
Die Kettenlängenverteilung von hochpolymeren Faserstoffen
Über die fraktionierte Fällung von Polyamiden

Heft 65:
Fachverband Schneidwarenindustrie, Solingen
Untersuchungen über das elektrolytische Polieren von Tafelmesserklingen aus rostfreiem Stahl

Heft 66:
Dr.-Ing. P. Füsgen VDI †, Düsseldorf
Untersuchungen über das Auftreten des Ratterns bei selbsthemmenden Schneckengetrieben und seine Verhütung

Heft 67:
Heinrich Wösthoff o. H. G., Apparatebau, Bochum
Entwicklung einer chemisch-physikalischen Apparatur zur Bestimmung kleinster Kohlenoxyd-Konzentrationen

Heft 68:
Kohlenstoffbiologische Forschungsstation e. V., Essen
Algengroßkulturen im Sommer 1952
II. Über die unsterile Großkultur von Scenedesmus obliquus

Heft 69:
Wäschereiforschung Krefeld
Bestimmung des Faserabbaues bei Leinen unter besonderer Berücksichtigung der Leinengarnbleiche

Heft 70:
Wäschereiforschung Krefeld
Trocknen von Wäschestoffen

Heft 71:
Prof. Dr.-Ing. K. Leist, Aachen
Kleingasturbinen, insbesondere zum Fahrzeugantrieb

Heft 72:
Prof. Dr.-Ing. K. Leist, Aachen
Beitrag zur Untersuchung von stehenden geraden Turbinengittern mit Hilfe von Druckverteilungsmessungen

Heft 73:
Prof. Dr.-Ing. K. Leist, Aachen
Spannungsoptische Untersuchungen von Turbinenschaufelfüßen

Heft 74:
Max-Planck-Institut für Eisenforschung, Düsseldorf
Versuche zur Klärung des Umwandlungsverhaltens eines sonderkarbidbildenden Chromstahls

Heft 75:
Max-Planck-Institut für Eisenforschung, Düsseldorf
Zeit-Temperatur-Umwandlungs-Schaubilder als Grundlage der Wärmebehandlung der Stähle

Heft 76:
Max-Planck-Institut für Arbeitsphysiologie, Dortmund
Arbeitstechnische und arbeitsphysiologische Rationalisierung von Mauersteinen

Heft 77:
Meteor Apparatebau Paul Schmeck G. m. b H., Siegen
Entwicklung von Leuchtstoffröhren hoher Leistung

Heft 78:
Forschungsstelle für Acetylen, Dortmund
Über die Zustandsgleichung des gasförmigen Acetylens und das Gleichgewicht Acetylen — Aceton

Heft 79:
Techn.-Wissenschaftl. Büro für die Bastfaserindustrie, Bielefeld
Trocknung von Leinengarnen III
Spinnspulen- und Spinnkopstrocknung
Vorgang und Einwirkung auf die Garnqualität

Heft 80:
Techn.-Wissenschaftl. Büro für die Bastfaserindustrie, Bielefeld
Die Verarbeitung von Leinengarn auf Webstühlen mit und ohne Oberbau

Heft 81:
Prüf- und Forschungsinstitut für Ziegeleierzeugnisse, Essen-Kray
Die Einführung des großformatigen Einheits-Gitterziegels im Lande Nordrhein-Westfalen

Heft 82:
Vereinigte Aluminium-Werke AG., Bonn
Forschungsarbeiten auf dem Gebiet der Veredelung von Aluminium-Oberflächen

Heft 83:
Prof. Dr. S. Strugger, Münster
Über die Struktur der Proplastiden

Heft 84:
Dr. H. Baron, Düsseldorf
Über Standardisierung von Wundtextilien

Heft 85:
Textilforschungsanstalt Krefeld
Physikalische Untersuchungen an Fasern, Fäden, Garnen und Geweben:
Untersuchungen am Knickscheuergerät nach Weltzien

Heft 86:
Prof. Dr.-Ing. H. Opitz, Aachen
Untersuchungen über das Fräsen von Baustahl sowie über den Einfluß des Gefüges auf die Zerspanbarkeit

Heft 87:
Gemeinschaftsausschuß Verzinken, Düsseldorf
Untersuchungen über Güte von Verzinkungen

Heft 88:
Gesellschaft für Kohlentechnik mbH., Dortmund-Eving
Oxydation von Steinkohle mit Salpetersäure

Heft 89:
Verein Deutscher Ingenieure, Gleitlagerforschung, Düsseldorf und Prof. Dr.-Ing. G. Vogelpohl, Göttingen
Versuche mit Preßstoff-Lagern für Walzwerke

Heft 90:
Forschungs-Institut der Feuerfest-Industrie, Bonn
Das Verhalten von Silikasteinen im Siemens-Martin-Ofengewölbe

Heft 91:
Forschungs-Institut der Feuerfest-Industrie, Bonn
Untersuchungen des Zusammenhangs zwischen Leistung und Kohlenverbrauch von Kammeröfen zum Brennen von feuerfesten Materialien

Heft 92:
Techn.-Wissenschaftl. Büro für die Bastfaserindustrie, Bielefeld und Laboratorium für textile Meßtechnik, M.-Gladbach
Messungen von Vorgängen am Webstuhl

Heft 93:
Prof. Dr. W. Kast, Krefeld
Spinnversuche zur Strukturerfassung künstlicher Zellulosefasern

Heft 94:
Prof. Dr. G. Winter, Bonn
Die Heilpflanzen des MATTHIOLUS (1611) gegen Infektionen der Harnwege und Verunreinigung der Wunden bzw. zur Förderung der Wundheilung im Lichte der Antibiotikaforschung

Heft 95:
Prof. Dr. G. Winter, Bonn
Untersuchungen über die flüchtigen Antibiotika aus der Kapuziner- (Tropaeolum maius) und Gartenkresse (Lepidium sativum) und ihr Verhalten im menschlichen Körper bei Aufnahme von Kapuziner- bzw. Gartenkressensalat per os

Heft 96:
Dr.-Ing. P. Koch, Dortmund
Austritt von Exoelektronen aus Metalloberflächen unter Berücksichtigung der Verwendung des Effektes für die Materialprüfung

Heft 97:
Ing. H. Stein, Laboratorium für textile Meßtechnik, M.-Gladbach
Untersuchung der Verzugsvorgänge an den Streckwerken verschiedener Spinnereimaschinen
2. Bericht: Ermittlung der Haft-Gleiteigenschaften von Faserbändern und Vorgarnen

Heft 98:
Fachverband Gesenkschmieden, Hagen
Die Arbeitsgenauigkeit beim Gesenkschmieden unter Hämmern

Heft 99:
Prof. Dr.-Ing. G. Garbotz, Aachen
Der Kraft- und Arbeitsaufwand sowie die Leistungen beim Biegen von Bewehrungsstählen in Abhängigkeit von den Abmessungen, den Formen und der Güte der Stähle (Ermittlung von Leistungsrichtlinien)

Heft 100:
Prof. Dr.-Ing. H. Opitz, Aachen
Untersuchungen von elektrischen Antrieben, Steuerungen und Regelungen an Werkzeugmaschinen

Heft 101:
Prof. Dr.-Ing. H. Opitz, Aachen
Wirtschaftlichkeitsbetrachtungen beim Außenrundschleifen

Heft 102:
Dr. P. Hölemann, Ing. R. Hasselmann und Ing. G. Dix, Dortmund
Untersuchungen über die thermische Zündung von explosiblen Acetylenzersetzungen in Kapillaren

Heft 103:
Prof. Dr. W. Weizel, Bonn
Durchführung von experimentellen Untersuchungen über den zeitlichen Ablauf von Funken in komprimierten Edelgasen sowie zu deren mathematischen Berechnung

Heft 104:
Prof. Dr. W. Weizel, Bonn
Über den Einfluß der Elektroden auf die Eigenschaften von Cadmium-Sulfid-Widerstands-Photozellen

Heft 105:
Dr.-Ing. R. Meldau, Harsewinkel/Westf.
Auswertung von Gekörn — Analysen des Musterstaubes „Flugasche Fortuna I"

Heft 106:
ORR. Dr.-Ing. W. Küch, Dortmund
Untersuchungen über die Einwirkung von feuchtigkeitsgesättigter Luft auf die Festigkeit von Leimverbindungen

Heft 107:
Prof. Dr. H. Lange und Dipl.-Phys. P. St. Pütter, Köln
Über die Konstruktion von Laboratoriumsmagneten

Heft 108:
Prof. Dr. W. Fuchs, Aachen
Untersuchungen über neue Beizmethoden und Beizabwässer
I. Die Entzunderung von Drähten mit Natriumhydrid
II. Die Aufbereitung von Beizabwässern

Heft 109:
Dr. P. Hölemann und Ing. R. Hasselmann, Dortmund
Untersuchungen über die Löslichkeit von Azetylen in verschiedenen organischen Lösungsmitteln

Heft 110:
Dr. P. Hölemann und Ing. R. Hasselmann, Dortmund
Untersuchungen über den Druckverlauf bei der explosiblen Zersetzung von gasförmigem Azetylen

Heft 111:
Fachverband Steinzeugindustrie, Köln
Die Entwicklung eines Gerätes zur Beschickung seitlicher Feuer von Steinzeug-Einzelkammeröfen mit festen Brennstoffen

Heft 112:
Prof. Dr.-Ing. H. Opitz, Aachen
Verschleißmessungen beim Drehen mit aktivierten Hartmetallwerkzeugen

Heft 113:
Prof. Dr. O. Graf, Dortmund
Erforschung der geistigen Ermüdung und nervösen Belastung: Studien über die vegetative 24-Stunden-Rhythmik in Ruhe und unter Belastung

Heft 114:
Prof. Dr. O. Graf, Dortmund
Studien über Fließarbeitsprobleme an einer praxisnahen Experimentieranlage

Heft 115:
Prof. Dr. O. Graf, Dortmund
Studium über Arbeitspausen in Betrieben bei freier und zeitgebundener Arbeit (Fließarbeit) und ihre Auswirkung auf die Leistungsfähigkeit

Heft 116:
Prof. Dr.-Ing. E. Siebel und Dr.-Ing. H. Weiss, Stuttgart
Untersuchungen an einigen Problemen des Tiefziehens — I. Teil

Heft 117:
Dr.-Ing. H. Beißwänger, Stuttgart, und Dr.-Ing. S. Schwandt, Trier
Untersuchungen an einigen Problemen des Tiefziehens — II. Teil

Heft 118:
Prof. Dr. E. A. Müller und Dr. H. G. Wenzel, Dortmund
Neuartige Klima-Anlage zur Erzeugung ungleicher Luft- und Strahlungstemperaturen in einem Versuchsraum

Heft 119:
Dr.-Ing. O. Viertel, Krefeld
Wäscherei- und energietechnische Untersuchung einer Gemeinschafts-Waschanlage

Heft 120:
Dipl.-Ing. Weisbecker, Lüdenscheid
Über Anfressung an Reinstaluminium-Schweißnähten bei der elektrolytischen Oxydation
Gebr. Hörstermann GmbH., Velbert
Entwicklung und Erprobung eines neuartigen Gummibandförderers

Heft 121:
Dr. H. Krebs, Bonn
I. Die Struktur und die Eigenschaften der Halbmetalle
II. Die Bestimmung der Atomverteilung in amorphen Substanzen
III. Die chemische Bindung in anorganischen Festkörpern und das Entstehen metallischer Eigenschaften

Heft 122:
Prof. Dr. W. Fuchs, Aachen
Untersuchungen zur Verbesserung der Wasseraufbereitung und Wasseranalyse:
Über die Schnellbewertung von Ionenaustauscher

Heft 123:
Dipl.-Ing. J. Emondts, Aachen
Über Bodenverformungen bei stark gestörtem und mächtigem, wasserführendem Deckgebirge im Aachener Steinkohlengebiet

Heft 124:
Prof. Dr. R. Seyffert, Köln
Wege und Kosten der Distribution der Hausratwaren im Lande Nordrhein-Westfalen

Heft 125:
Prof. Dr. E. Kappler, Münster
Eine neue Methode zur Bestimmung von Kondensations-Koeffizienten von Wasser

Heft 126:
Prof. Dr.-Ing. J. Mathieu, Aachen
Arbeitszeitvergleich
Grundlagen, Methodik und praktische Durchführung

Heft 127:
Güteschutz Betonstein e. V.,
Arbeitskreis Nordrhein-Westfalen, Dortmund
Die Betonwaren-Gütesicherung im Lande Nordrhein-Westfalen

Heft 128:
Prof. Dr. O. Schmitz-DuMont, Bonn
Untersuchungen über Reaktionen in flüssigem Ammoniak

Heft 129:
Prof. Dr.-Ing. J. Mathieu und Dr. C. A. Roos, Aachen
Die Anlernung von Industriearbeitern
I. Ergebnisse einer grundsätzlichen Untersuchung der gegenwärtigen Industriearbeiter-Kurzanlernung

Heft 130:
Prof.-Dr.-Ing. J. Mathieu und Dr. C. A. Roos, Aachen
Die Anlernung von Industriearbeitern
II. Beiträge zur Methodenfrage der Kurzanlernung

Heft 131:
Dr. W. Hoerburger, Köln
Versuche zur Biosynthese von Eiweiß aus Kohlenwasserstoff

Heft 132:
Prof. Dr. W. Seith, Münster
Über Diffusionserscheinungen in festen Metallen

Heft 133:
Prof. Dr. E. Jenckel, Aachen
Über einen für Schwermetalle selektiven Ionenaustauscher

Heft 134:
Prof. Dr.-Ing. H. Winterhager, Aachen
Über die elektrochemischen Grundlagen der Schmelzfluß-Elektrolyse von Bleisulfid in geschmolzenen Mischungen mit Bleichlorid

Heft 135:
Prof. Dr.-Ing. K. Krekeler und Dr.-Ing. H. Peukert, Aachen
Die Änderung der mechanischen Eigenschaften thermoplastischer Kunststoffe durch Warmrecken

Heft 136:
Dipl.-Phys. P. Pilz, Remscheid
Über spezielle Probleme der Zerkleinerungstechnik von Weichstoffen

Heft 137:
Prof. Dr. W. Baumeister, Münster
Beiträge zur Mineralstoffernährung der Pflanzen

Heft 138:
Dr. P. Hölemann und Ing. R. Hasselmann, Dortmund
Untersuchungen über die Zersetzungswärme von gasförmigem und in Azeton gelöstem Azetylen

Heft 139:
Prof. Dr. W. Fuchs, Aachen
Studien über die thermische Zersetzung der Kohle und die Kohlendestillatprodukte

Heft 140:
Dr.-Ing. G. Hausberg, Essen
Modellversuche an Zyklonen

Heft 141:
Dr. J. van Calker und Dr. R. Wienecke, Münster
Untersuchungen über den Einfluß dritter Analysenpartner auf die spektrochemische Analyse

Heft 142:
Dipl.-Ing. G. M. F. Wiebel, Hannover, A. Konermann und A. Ottenheym, Sennelager
Entwicklung eines Kalksandleichtsteines

Heft 143:
Prof. Dr. F. Wever, Dr. A. Rose und Dipl.-Ing. W. Straßburg, Düsseldorf
Härtbarkeit und Umwandlungsverhalten der Stähle

Heft 144:
Prof. Dr. H. Wurmbach, Bonn
Steuerung von Wachstum und Formbildung

Heft 145:
Dr. G. Hennemann, Werdohl (Westf.)
Beitrag zur Interpretation der modernen Atomphysik

Heft 146:
Dr.-Ing. F. Gruß, Düsseldorf
Sterilisation mit Heißluft

Heft 147:
Dr.-Ing. W. Rudisch, Unna
Untersuchung einer drehelastischen Elektromagnet-Synchronkupplung

Heft 148:
Prof. Dr. H. Bittel und Dipl.-Phys. L. Storm, Münster
Untersuchungen über Widerstandsrauschen

Heft 149:
Dipl.-Ing. K. Konopicky und Dipl.-Chem. P. Kampa, Bonn
I. Beitrag zur flammenphotometrischen Bestimmung des Calciums
Dr.-Ing. K. Konopicky, Bonn
II. Die Wanderung von Schlackenbestandteilen in feuerfesten Baustoffen

Heft 150:
Prof. Dr.-Ing. O. Kienzle und Dipl.-Ing. W. Timmerbeil, Hannover
Das Durchziehen enger Kragen an ebenen Fein- und Mittelblechen

Heft 151:
Dipl.-Ing. P. Karabasch, Aachen
Feststellung des optimalen Gasgehaltes von Bronzen zur Erzielung druckdichter Gußstücke

Heft 152:
Dipl.-Ing. G. Müller, Köln
Ermittlung der Laufeigenschaften (Vergießbarkeit) von Bronze und Rotguß mittels der Schneider-Gießspirale

Heft 153:
Prof. Dr. F. Wever, Dr.-Ing. W. A. Fischer und Dipl-Ing. J. Engelbrecht, Düsseldorf
I. Die Reduktion sauerstoffhaltiger Eisenschmelzen im Hochvakuum mit Wasserstoff und Kohlenstoff
II. Einfluß geringer Sauerstoffgehalte auf das Gefüge und Alterungsverhalten von Reineisen

Heft 154:
Prof. Dr.-Ing. P. Bardenheuer und Dr.-Ing. W. A. Fischer, Düsseldorf
Die Verschlackung von Titan aus Stahlschmelzen im sauren und basischen Hochfrequenzofen unter verschiedenen Schlacken

Heft 155:
Dipl.-Phys. K. H. Schirmer, München
Die auf Grau abgestimmte Farbwiedergabe im Dreifarbenbuchdruck

Heft 156:
Prof. Dr.-Ing. B. von Borries und Mitarbeiter, Düsseldorf
Die Entwicklung regelbarer permanentmagnetischer Elektronenlinsen hoher Brechkraft und eines mit ihnen ausgerüsteten Elektronenmikroskopes neuer Bauart

Heft 157:
Dr. W. Jawtusch, Dr. G. Schuster und Prof. Dr.-Ing. R. Jaeckel, Bonn
Untersuchungen über die Stoßvorgänge zwischen neutralen Atomen und Molekülen

Heft 158:
Dipl.-Ing. W. Rosenkranz, Meinerzhagen
Ein Beitrag zum Problem der Spannungskorrosion bei Preßprofilen und Preßteilen aus Aluminium-Legierungen

Heft 159:
Dr.-Ing. O. Viertel und O. Oldenroth, Krefeld
Das Bleichen von Weißwäsche mit Wasserstoffsuperoxyd bzw. Natriumhypochlorit beim maschinellen Waschen

Heft 160:
Prof. Dr. W. Klemm, Münster
Über neue Sauerstoff- und Fluor-haltige Komplexe

Heft 161:
Prof. Dr. W. Weltzien und Dr. G. Hauschild, Krefeld
Über Silikone und ihre Anwendung in der Textilveredlung

Heft 162:
Prof. Dr. F. Wever, Prof. Dr. A. Knochendörfer und Dr.-Ing. Chr. Rohrbach, Düsseldorf
Kennzeichnung der Sprödbruchneigung von Stählen durch Messung der Fließspannung, Reißspannung und Brucheinschnürung an dreiachsig beanspruchten Proben

Heft 163:
Dipl.-Ing. W. Rohs und Text.-Ing. H. Griese, Bielefeld
Untersuchungsarbeiten zur Verbesserung des Leinenwebstuhles III

Heft 164:
Dr.-Ing. H. Schmachtenberg, Köln
Neuartige Prüfeinrichtungen für Kraftfahrzeuge

Heft 165:
Dr.-Ing. W. Wilhelm, Aachen
Instationäre Gasströmung im Auspuffsystem eines Zweitaktmotors

Heft 166:
Prof. Dr. M. von Stackelberg, Dr. H. Heindze, Dr. H. Hübschke und Dr. K. H. Frangen, Bonn
Kolloidchemische Untersuchungen

Heft 167:
Prof. Dr.-Ing. F. Schuster, Essen
I. Über die Heißkarburierung von Brenngasen mit Ölen und Teeren
II. Die Strahlungsvorgänge in brennstoffbeheizten Öfen bei verschiedenen Verbrennungsatmosphären

Heft 168:
Prof. Dr.-Ing. F. Schuster, Essen
I. Luftvorwärmung an Gasfeuerungen
II. Heizwerthöhe von Brenngasen und Wirkungsgrad sowie Gasverbrauch bei der Gasverwendung
III. Sauerstoffangereicherte Luft und feuerungstechnische Kenngrößen von Brenngasen

Heft 169:
Forschungsinstitut für Pigmente und Lacke, Stuttgart
Arbeiten über die Bestimmung des Gebrauchswertes von Lackfilmen durch physikalische Prüfungen

Heft 170:
Prof. Dr. F. Wever, Dr. A. Rose und Dipl.-Ing. L. Rademacher, Düsseldorf
Anwendung der Umwandlungsschaubilder auf Fragen der Werkstoffauswahl beim Schweißen und Flammhärten

Heft 171:
Wäschereiforschung, Krefeld
Untersuchung der Wäscheentwässerung mit Hilfe von Zentrifugen und Pressen

Heft 172:
Dipl.-Ing. W. Rohs, Dr.-Ing. G. Satlow und Text.-Ing. G. Heller, Bielefeld
Trocknung von Hanfgarnen. Kreuzspultrocknung

Heft 173:
Prof. Dr. W. Kast, Krefeld, Prof. Dr. R. Hosemann und Dipl.-Phys. G. Schoknecht, Berlin
Lichtoptische Herstellung und Diskussion der Faltungsquadrate parakristalliner Gitter

Heft 174:
Prof. Dr. W. von Fragstein, Dr. J. Meingast und H. Hoch, Köln
Herstellung von Solen einheitlicher Teilchengröße und Ermittlung ihrer optischen Eigenschaften

Heft 175:
Dr.-Ing. H. Zeller, Aachen
Beitrag zur eindimensionalen stationären und nichtstationären Gasströmung mit Reibung und Wärmeleitung insbesondere in Rohren mit unstetigen Querschnittsänderungen

Heft 176:
Dipl.-Ing. H. Schöberl, Duisburg
Über die Methoden zur Ermittlung der Verbrennungstemperatur von Brennstoffen und ein Vorschlag zu ihrer Verbesserung

Heft 177:
Dipl.-Ing. H. Stüdemann, Solingen, und Dr.-Ing. W. Müchler, Essen
Entwicklung eines Verfahrens zur zahlenmäßigen Bestimmung der Schneideigenschaften von Messerklingen

Heft 178:
Prof. Dr. M. von Stackelberg und Dr. W. Hans, Bonn
Untersuchungen zur Ausarbeitung und Verbesserung von polarographischen Analysenmethoden

Heft 179:
Dipl.-Ing. H. F. Reineke, Bochum
Entwicklungsarbeiten auf dem Gebiete der Meß- und Regeltechnik

Heft 180:
Dr.-Ing. W. Piepenburg, Dipl.-Ing. B. Bühling und Bauing. J. Behnke, Köln
Putzarbeiten im Hochbau und Versuche mit aktiviertem Mörtel und mechanischem Mörtelauftrag

Heft 181:
Prof. Dr. W. Franz, Münster
Theorie der elektrischen Leitvorgänge in Halbleitern und isolierenden Festkörpern bei hohen elektrischen Feldern

Heft 182:
Dr.-Ing. P. Schenk und Dr. K. Osterloh, Düsseldorf
Katalytisch-thermische Spaltung von gasförmigen und flüssigen Kohlenwasserstoffen zur Spitzengaserzeugung

Heft 183:
Dr. W. Bornheim, Köln
Entwicklungsarbeiten an Flaschen- und Ampullen-Behandlungsmaschinen für die pharmazeutische Industrie

Heft 184:
Dr.-Ing. E. Printz, Kettwig
Vollhydraulische Parallel-Kupplung für Ackerschlepper

Heft 185:
Dipl.-Ing. W. Rohs und Text.-Ing. G. Heller, Bielefeld
Studien an einem neuzeitlichen Kreuzspultrockner für Bastfasergarne mit Wiederbefeuchtungszone

Heft 186:
Dr. E. Wedekind, Krefeld
Untersuchungen zur Arbeitsbestgestaltung bei der Fertigstellung von Oberhemden in gewerblichen Wäschereien

Heft 187:
Dipl.-Ing. F. Göttgens, Essen
Über die Eigenarten der Bimetall-, Thermo- und Flammenionisationssicherungsmethode in ihrer Anwendung auf Zündsicherungen

Heft 188:
W. Kinnebrock, Langenberg
Der Einfluß des Austausches gleicher Gaskochbrenner bzw. Gaskochbrennerteile auf den Wirkungsgrad und insbesondere auf den CO-Gehalt der Verbrennungsgase

Heft 189:
Fa. E. Leybold's Nachfolger, Köln
I. Ausgewählte Kapitel aus der Vakuumtechnik
II. Zum Verlust anorganisch-nichtflüchtiger Substanzen während der Gefriertrocknung

Heft 190:
Prof. Dr. A. Neuhaus, Prof. Dr. O. Schmitz-DuMont und Dipl.-Chem. H. Reckhard, Bonn
Zur Kenntnis der Alkalititanate

Heft 191:
Dr.-Ing. H. Söhngen, Darmstadt
Schwingungsverhalten eines Schaufelkranzes im Vakuum

Heft 192:
Dipl.-Phys. E. M. Schneider, München
Kohlebogenlampen für Aufnahme und Kopie

Heft 193:
Prof. Dr. O. Schmitz-DuMont, Bonn
Untersuchungen über neue Pigmentfarbstoffe

Heft 194:
Dr. K. Hecht, Köln
Entwicklung neuartiger physikalischer Unterrichtsgeräte

Heft 195:
Dr.-Ing. E. Rößger, Köln
Gedanken über einen neuen deutschen Luftverkehr

Heft 196:
Dipl.-Ing. W. Rohs und Text.-Ing. H. Griese, Bielefeld
Auswirkungen von Garnfehlern bei der Verarbeitung von Leinengarnen

Heft 197:
Dr. E. Wedekind, Krefeld
Untersuchungen zur Bestimmung der optimalen Arbeitsplatzgröße bei Mehrstuhlarbeit in der Weberei

Heft 198:
Prof. Dr. J. Weissinger, Karlsruhe
Zur Aerodynamik des Ringflügels. Die Druckverteilung dünner, fast drehsymmetrischer Flügel in Unterschallströmung

VERÖFFENTLICHUNGEN DER ARBEITSGEMEINSCHAFT FÜR FORSCHUNG DES LANDES NORDRHEIN-WESTFALEN

Naturwissenschaften

Heft 1:
Prof. Dr.-Ing. F. Seewald, Aachen
Neue Entwicklungen auf dem Gebiet der Antriebsmaschinen
Prof. Dr.-Ing. F. A. F. Schmidt, Aachen
Technischer Stand und Zukunftsaussichten der Verbrennungsmaschinen, insbesondere der Gasturbinen
Dr.-Ing. R. Friedrich, Mülheim (Ruhr)
Möglichkeiten und Voraussetzungen der industriellen Verwertung der Gasturbine

Heft 2:
Prof. Dr.-Ing. W. Riezler, Bonn
Probleme der Kernphysik
Prof. Dr. Micheel, Münster
Isotope als Forschungsmittel in der Chemie und Biochemie

Heft 3:
Prof. Dr. E. Lehnartz, Münster
Der Chemismus der Muskelmaschine
Prof. Dr. G. Lehmann, Dortmund
Physiologische Forschung als Voraussetzung der Bestgestaltung der menschlichen Arbeit
Prof. Dr. H. Kraut, Dortmund
Ernährung und Leistungsfähigkeit

Heft 4:
Prof. Dr. F. Wever, Düsseldorf
Aufgaben der Eisenforschung
Prof. Dr.-Ing. H. Schenck, Aachen
Entwicklungslinien des deutschen Eisenhüttenwesens
Prof. Dr.-Ing. M. Haas, Aachen
Wirtschaftliche Bedeutung der Leichtmetalle und ihre Entwicklungsmöglichkeiten

Heft 5:
Prof. Dr. W. Kikuth, Düsseldorf
Virusforschung
Prof. Dr. R. Danneel, Bonn
Fortschritte der Krebsforschung
Prof. Dr. W. Schulemann, Bonn
Wirtschaftliche und organisatorische Gesichtspunkte für die Verbesserung unserer Hochschulforschung

Heft 6:
Prof. Dr. W. Weizel, Bonn
Die gegenwärtige Situation der Grundlagenforschung in der Physik
Prof. Dr. S. Strugger, Münster
Das Duplikantenproblem in der Biologie
Direktor Dr. F. Gummert, Essen
Überlegungen zu den Faktoren Raum und Zeit im biologischen Geschehen und Möglichkeiten einer Nutzanwendung

Heft 7:
Prof. Dr.-Ing. A. Götte, Aachen
Steinkohle als Rohstoff und Energiequelle
Prof. Dr. Dr. E. h. K. Ziegler, Mülheim/Ruhr
Über Arbeiten des Max-Planck-Institutes für Kohlenforschung

Heft 8:
Prof. Dr.-Ing. W. Fucks, Aachen
Die Naturwissenschaft, die Technik und der Mensch
Prof. Dr. W. Hoffmann, Münster
Wirtschaftliche und soziologische Probleme des technischen Fortschritts

Heft 9:
Prof. Dr.-Ing. F. Bollenrath, Aachen
Zur Entwicklung warmfester Werkstoffe
Prof. Dr. H. Kaiser, Dortmund
Stand spektralanalytischer Prüfverfahren und Folgerung für deutsche Verhältnisse

Heft 10:
Prof. Dr. H. Braun, Bonn
Möglichkeiten und Grenzen der Resistenzzüchtung
Prof. Dr.-Ing. C. H. Dencker, Bonn
Der Weg der Landwirtschaft von der Energieautarkie zur Fremdenergie

Heft 11:
Prof. Dr.-Ing. H. Opitz, Aachen
Entwicklungslinien der Fertigungstechnik in der Metallbearbeitung
Prof. Dr.-Ing. K. Krekeler, Aachen
Stand und Aussichten der schweißtechnischen Fertigungsverfahren

Heft 12:
Dr. H. Rathert, Wuppertal-Elberfeld
Entwicklung auf dem Gebiet der Chemiefaser-Herstellung
Prof. Dr. W. Weltzien, Krefeld
Rohstoff und Veredlung in der Textilwirtschaft

Heft 13:
Dr.-Ing. E. h. K. Herz, Frankfurt a. M.
Die technischen Entwicklungstendenzen im elektrischen Nachrichtenwesen
Staatssekretär Prof. L. Brandt, Düsseldorf
Navigation und Luftsicherung

Heft 14:
Prof. Dr. B. Helferich, Bonn
Stand der Enzymchemie und ihre Bedeutung
Prof. Dr. H. W. Knipping, Köln
Ausschnitt aus der klinischen Carcinomforschung am Beispiel des Lungenkrebses

Heft 15:
Prof. Dr. A. Esau, Aachen
Ortung mit elektrischen und Ultraschallwellen in Technik und Natur
Prof. Dr.-Ing. E. Flegler, Aachen
Die ferromagnetischen Werkstoffe der Elektrotechnik und ihre neueste Entwicklung

Heft 16:
Prof. Dr. R. Seyffert, Köln
Die Problematik der Distribution
Prof. Dr. Theodor Beste, Köln
Der Leistungslohn

Heft 17:
Prof. Dr.-Ing. Seewald, Aachen
Luftfahrtforschung in Deutschland und ihre Bedeutung für die allgemeine Technik
Prof. Dr.-Ing. E. Houdremont, Essen
Art und Organisation der Forschung in einem Industrieforschungsinstitut der Eisenindustrie

Heft 18:
Prof. Dr. W. Schulemann, Bonn
Theorie und Praxis pharmakologischer Forschung
Prof. Dr. W. Groth, Bonn
Technische Verfahren zur Isotopentrennung

Heft 19:
Dipl.-Ing. K. Traenckner, Essen
Entwicklungstendenzen der Gaserzeugung

Heft 20:
M. Zvegintzow, London
Wissenschaftliche Forschung und die Auswertung ihrer Ergebnisse
Ziel u. Tätigkeit der National Research Development Corporation
Dr. A. King, London
Wissenschaft und internationale Beziehungen

Heft 21:
Prof. Dr. R. Schwarz, Aachen
Wesen und Bedeutung der Silicium-Chemie
Prof. Dr. Dr. h. c. K. Alder, Köln
Fortschritte in der Synthese von Kohlenstoffverbindungen

Heft 21 a
Prof. Dr. Dr. h. c. O. Hahn, Göttingen
Die Bedeutung der Grundlagenforschung für die Wirtschaft
Prof. Dr. S. Strugger, Münster
Die Erforschung des Wasser- und Nährsalztransportes im Pflanzenkörper mit Hilfe der fluoreszenzmikroskopischen Kinematographie

Heft 22:
Prof. Dr. J. von Allesch, Göttingen
Die Bedeutung der Psychologie im öffentlichen Leben
Prof. Dr. O. Graf, Dortmund
Triebfedern menschlicher Leistung

Heft 23:
Prof. Dr. Dr. h. c. B. Kuske, Köln
Zur Problematik der wirtschaftswissenschaftlichen Raumforschung
Prof. Dr. Dr.-Ing. E. h. St. Prager, Düsseldorf
Städtebau und Landesplanung

Heft 24:
Prof. Dr. R. Danneel, Bonn
Über die Wirkungsweise der Erbfaktoren
Prof. Dr. K. Herzog, Krefeld
Bewegungsbedarf der menschlichen Gliedmaßengelenke bei der Berufsarbeit

Heft 25:
Prof. Dr. O. Haxel, Heidelberg
Energiegewinnung aus Kernprozessen
Dr.-Ing. Dr. M. Wolf, Düsseldorf
Gegenwartsprobleme der energiewirtschaftlichen Forschung

Heft 26:
Prof. Dr. F. Becker, Bonn
Ultrakurzwellenstrahlung aus dem Weltraum
Dr. H. Straßl, Bonn
Bemerkenswerte Doppelsterne und das Problem der Sternentwicklung

Heft 27:
Prof. Dr. H. Behnke, Münster
Der Strukturwandel der Mathematik in der ersten Hälfte des 20. Jahrhunderts
Prof. Dr. E. Sperner, Hamburg
Eine mathematische Analyse der Luftdruckverteilung in großen Gebieten

Heft 28:
Prof. Dr. O. Niemczyk, Aachen
Die Problematik gebirgsmechanischer Vorgänge im Steinkohlenbergbau
Prof. Dr. W. Ahrens, Krefeld
Die Bedeutung geologischer Forschung für die Wirtschaft besonders in Nordrhein-Westfalen

Heft 29:
Prof. Dr. B. Rensch, Münster
Das Problem der Residuen bei Lernleistungen
Prof. Dr. H. Fink, Köln
Über Leberschäden bei der Bestimmung des biologischen Wertes verschiedener Eiweiße von Mikroorganismen

Heft 30:
Prof. Dr.-Ing. F. Seewald, Aachen
Forschungen auf dem Gebiete der Aerodynamik
Prof. Dr.-Ing. K. Leist, Aachen
Forschungen in der Gasturbinentechnik

Heft 31:
Prof. Dr.-Ing. Dr. h. c. F. Mietzsch, Wuppertal
Chemie und wirtschaftliche Bedeutung der Sulfonamide
Prof. Dr. Dr. h. c. G. Domagk, Wuppertal
Die experimentellen Grundlagen der bakteriellen Infektionen

Heft 32:
Prof. Dr. H. Braun, Bonn
Die Verschleppung von Pflanzenkrankheiten und -schädlingen über die Welt
Prof. Dr. W. Rudorf, Voldagsen
Der Beitrag von Genetik und Züchtung zur Bekämpfung von Viruskrankheiten der Nutzpflanzen

Heft 33:
Prof. Dr.-Ing. V. Aschoff, Aachen
Probleme der elektroakustischen Einkanalübertragung
Prof. Dr.-Ing. H. Döring, Aachen
Erzeugung und Verstärkung von Mikrowellen

Heft 34:
Geheimrat Prof. Dr. Dr. R. Schenck, Aachen
Bedingungen und Gang der Kohlenhydratsynthese im Licht
Prof. Dr. E. Lehnartz, Münster
Die Endstufen des Stoffabbaues im Organismus

Heft 35:
Prof. Dr.-Ing. H. Schenck, Aachen
Gegenwartsprobleme der Eisenindustrie in Deutschland
Prof. Dr.-Ing. Piwowarsky †, Aachen
Gelöste und ungelöste Probleme im Gießereiwesen

Heft 36:
Prof. Dr. W. Riezler, Bonn
Teilchenbeschleuniger
Prof. Dr. G. Schubert, Hamburg
Anwendung neuer Strahlenquellen in der Krebstherapie

Heft 37:
Prof. Dr. F. Lotze, Münster
Probleme der Gebirgsbildung
Bergwerksdirektor Bergassessor a. D. Rauschenbach, Essen
Die Erhaltung der Förderungskapazität des Ruhrbergbaues auf lange Sicht

Heft 38:
Dr. E. C. Cherry, London
Kybernetik
Prof. Dr. E. Pietsch, Clausthal-Zellerfeld
Dokumentation und mechanisches Gedächtnis — zur Frage der Ökonomie der geistigen Arbeit

Heft 39:
Dr. H. Haase, Hamburg
Infrarot und seine technischen Anwendungen
Prof. Dr. A. Esau, Aachen
Die Bedeutung des Ultraschalls für technische Anwendungsgebiete

Heft 40:
Bergassessor F. Lange, Bochum-Hordel
Die wirtschaftliche und soziale Bedeutung der Silikose im Bergbau
Prof. Dr. W. Kikuth, Düsseldorf
Die Entstehung der Silikose und ihre Verhütungsmaßnahmen

Heft 40a:
Prof. Dr. E. Gross, Bonn
Berufskrebs und Krebsforschung
Prof. Dr. H. W. Knipping, Köln
Die Situation der Krebsforschung vom Standpunkt der Klinik

Heft 41:
Dr.-Ing. G. V. Lachmann, Teddington
An einer neuen Entwicklungsschwelle im Flugzeugbau
Dr. A. Gerber, Zürich
Stand der Entwicklung der Raketen- und Lenktechnik

Heft 42:
Prof. Dr. T. Kraus, Köln
Lokalisationsphänomene und Raumordnung vom Standpunkt der geographischen Wissenschaft
Direktor Dr. F. Gummert, Essen
Vom Ernährungsversuchsfeld der Kohlenstoffbiologischen Forschungsstation Essen (Ein 6 Jahre lang durchgeführter Versuch, einen Menschen aus dem Ertrag von 1250 qm zu ernähren)

Heft 42a:
Prof. Dr. Dr. h. c. G. Domagk, Wuppertal
Fortschritte auf dem Gebiet der experimentellen Krebsforschung

Heft 43:
Prof. G. Lampariello, Rom
Über Leben und Werk von Heinrich Hertz
Prof. Dr. W. Weizel, Bonn
Über das Problem der Kausalität in der Physik

Heft 43a:
Prof. Dr. J. Mª Albareda, Madrid
Die Entwicklung der Forschung in Spanien

Heft 44:
Prof. Dr. B. Helferich, Bonn
Über Glykose
Prof. Dr. F. Micheel, Münster
Kohlenhydrat-Eiweiß-Verbindungen und ihre bio-chemische Bedeutung

Heft 45:
Prof. Dr. J. von Neumann, Princeton/USA
Entwicklung und Ausnutzung neuerer mathematischer Maschinen
Prof. Dr. E. Stiefel, Zürich
Rechenautomaten im Dienste der Technik mit Beispielen aus dem Züricher Institut für angewandte Mathematik

Heft 46:
Prof. Dr. W. Weltzien, Krefeld
Ausblick auf die Entwicklung synthetischer Fasern
Prof. Dr. W. Hoffmann, Münster
Wachstumsformen der Industriewirtschaft

Heft 47:
Staatssekretär Prof. L. Brandt, Düsseldorf
Die praktische Förderung der Forschung in Nordrhein-Westfalen
Prof. Dr. L. Raiser, Bad Godesberg
Die Förderung der angewandten Forschung durch die Deutsche Forschungsgemeinschaft

Heft 48:
Dr. H. Tromp, Rom
Bestandsaufnahme der Wälder der Welt als internationale und wissenschaftliche Aufgabe
Prof. Dr. F. Heske, Schloß Reinbek
Die Wohlfahrtswirkungen des Waldes als internationales Problem

Heft 49:
Präsident Dr. G. Böhnecke, Hamburg
Zeitfragen der Ozeanographie
Reg.-Direktor Dr. H. Gabler, Hamburg
Nautische Technik und Schiffssicherheit

Heft 50:
Prof. Dr.-Ing. F. A. F. Schmidt, Aachen
Probleme der Selbstentzündung und Verbrennung bei der Entwicklung der Hochleistungskraftmaschinen
Prof. Dr.-Ing. A. W. Quick, Aachen
Ein Verfahren zur Untersuchung des Austauschvorganges in verwirbelten Strömungen hinter Körpern mit abgelöster Strömung

Heft 51:
Prof. Dr. S. Strugger, Münster
Struktur, Entwicklungsgeschichte und Physiologie der Chloroplasten
Direktor Dr. J. Pätzold, Erlangen
Therapeutische Anwendung mechanischer und elektrischer Energie

VERÖFFENTLICHUNGEN DER ARBEITSGEMEINSCHAFT FÜR FORSCHUNG DES LANDES NORDRHEIN-WESTFALEN

Geisteswissenschaften

Heft 1:
Prof. Dr. W. Richter, Bonn
Die Bedeutung der Geisteswissenschaften für die Bildung unserer Zeit
Prof. Dr. J. Ritter, Münster
Die aristotelische Lehre vom Ursprung und Sinn der Theorie

Heft 2:
Prof. Dr. J. Kroll, Köln
Elysium
Prof. Dr. G. Jachmann, Köln
Die vierte Ekloge Vergils

Heft 3:
Prof. Dr. H. Stier, Münster
Die klassische Demokratie

Heft 4:
Prof. Dr. W. Caskel, Köln
Lihyan und Lihyanisch, Sprache und Kultur eines früharabischen Königreiches

Heft 5:
Prof. Dr. T. Ohm, Münster
Stammesreligionen im südlichen Tanganyika-Territorium

Heft 6:
Prälat Prof. Dr. Dr. h. c. G. Schreiber, Münster
Deutsche Wissenschaftspolitik von Bismarck bis zum Atomwissenschaftler Otto Hahn

Heft 7:
Prof. Dr. W. Holtzmann, Bonn
Das mittelalterliche Imperium und die werdenden Nationen

Heft 8:
Prof. Dr. W. Caskel, Köln
Die Bedeutung der Beduinen in der Geschichte der Araber

Heft 9:
Prälat Prof. Dr. Dr. h. c. G. Schreiber, Münster
Iroschottische Motive im abendländischen Sakralraum

Heft 10:
Prof. Dr. P. Rassow
Forschungen zur Reichsidee im 16. und 17. Jahrhundert

Heft 11:
Prof. Dr. H. E. Stier, Münster
Roms Aufstieg zur Weltherrschaft

Heft 12:
Prof. D. K. Rengstorf, Münster
Mann und Frau im Urchristentum
Prof. Dr. H. Conrad, Bonn
Grundprobleme einer Reform des Familienrechts

Heft 13:
Prof. Dr. M. Braubach, Bonn
Der Weg zum 20. Juli 1944 — Ein Forschungsbericht

Heft 14:
Prof. Dr. P. Hübinger, Münster
Das deutsch-französische Verhältnis und seine mittelalterlichen Grundlagen

Heft 15:
Prof. Dr. F. Steinbach, Bonn
Der geschichtliche Weg des wirtschaftenden Menschen in die soziale Freiheit und politische Verantwortung

Heft 16:
Prof. Dr. J. Koch, Köln
Die Ars coniecturalis des Nikolaus von Cues

Heft 17:
Prof. Dr. J. Conant, US-Hochkommissar für Deutschland
Staatsbürger und Wissenschaftler
Prof. Dr. D. K. H. Rengstorf, Münster
Antike und Christentum

Heft 18:
Prof. Dr. R. Alewyn, Köln
Klopstocks Publikum

Heft 19:
Prof. Dr. F. Schalk, Köln
Das Lächerliche in der französischen Literatur des Ancien Régime

Heft 20:
Prof. Dr. L. Raiser, Bad Godesberg
Rechtsfragen der Mitbestimmung

Heft 21:
Prof. D. M. Noth, Bonn
Das Geschichtsverständnis der alttestamentlichen Apokalyptik

Heft 22:
Prof. Dr. W. F. Schirmer, Bonn
Glück und Ende des Königs in Shakespeares Historien

Heft 23:
Prof. Dr. G. Jachmann, Köln
Der homerische Schiffskatalog und die Ilias

Heft 24:
Prof. Dr. T. Klauser, Bonn
Die römischen Petrustraditionen im Lichte der neuen Ausgrabungen unter der Peterskirche

Heft 25:
Prof. Dr. H. Peters, Köln
Die Gewaltentrennung in moderner Sicht

Heft 26:
Prof. Dr. F. Schalk, Köln
Calderon und die Mythologie

Heft 27:
Prof. Dr. J. Kroll, Köln
Vom Leben geflügelter Worte

Heft 28:
Prof. Dr. T. Ohm, Münster
Die Religionen in Asien

Heft 29:
Prof. Dr. L. Weisgerber, Bonn
Die Ordnung der Sprache im persönlichen und öffentlichen Leben

Heft 30:
Prof. Dr. W. Caskel, Köln
Entdeckungen in Arabien

Heft 31:
Prof. Dr. M. Braubach, Bonn
Entstehung und Entwicklung der landesgeschichtlichen Bestrebungen und historischen Vereine im Rheinland

Heft 32:
Prof. Dr. F. Schalk, Köln
Somnium und verwandte Wörter in den romanischen Sprachen

Heft 33:
Prof. Dr. F. Dessauer, Frankfurt a. M.
Erbe und Zukunft des Abendlandes

Heft 34:
Prof. Dr. T. Ohm, Münster
Ruhe und Frömmigkeit

Heft 35:
Prof. Dr. H. Conrad, Bonn
Die mittelalterliche Besiedlung des deutschen Ostens und das deutsche Recht

Heft 36:
Prof. Dr. H. Sckommodau, Köln
Die religiösen Dichtungen Margaretes von Navarra

Heft 37:
Prof. Dr. H. von Einem, Bonn
Der Kopf mit der Binde des Meisters von Naumburg

Heft 38:
Prof. Dr. J. Höffner, Münster
Statik und Dynamik in der scholastischen Wirtschaftsethik

Heft 39:
Prof. Dr. F. Schalk, Köln
Diderots Essai über Claudius und Nero

Heft 40:
Prof. Dr. G. Kegel, Köln
Probleme des internationalen Enteignungs- und Währungsrechts

Heft 41:
Prof. Dr. L. Weisgerber, Bonn
Die Grenzen der Schrift

Heft 42:
Prof. Dr. R. Alewyn, Köln
Von der Empfindsamkeit zur Romantik

Heft 43:
Prof. Dr. T. Schieder, Köln
Die Probleme des Rapallo-Vertrages 1922

Heft 44:
Prof. Dr. A. Rumpf, Köln
Stilphasen der spätantiken Kunst

If you have any concerns about our products,
you can contact us on
ProductSafety@springernature.com

In case Publisher is established outside the EU,
the EU authorized representative is:
**Springer Nature Customer Service Center GmbH
Europaplatz 3, 69115 Heidelberg, Germany**

Printed by Libri Plureos GmbH
in Hamburg, Germany